# 고려왕릉 기행

# 고려왕릉 기행

고려 500년 역사를
사진으로 만나다

정창현 지음

굿
플러스
북

# 분단의 굴레에 갇힌 고려왕릉

벌써 20여 년의 세월이 흘렀다. 2003년 2월 23일, 개성을 방문했을 당시 고려를 건국한 태조 왕건릉 안에 직접 들어갈 기회가 있었다. 무덤칸(묘실)으로 들어가는 통로 벽에 그려진 벽화, 무덤칸 안의 관대(棺臺) 등 당시 왕건릉에 들어가서 본 장면들이 아직도 생생하다.

고려왕릉과의 인연은 이렇게 시작됐다. 그때까지만 해도 고려의 역사는 필자의 관심 밖이었고, 더구나 고려왕릉에 대해 글을 쓰게 될 것이라고는 상상도 못했다.

2010년대에 들어와 '북한의 국보유적'과 '북한의 문화유산정책'에 대한 글을 쓰게 되면서 북한의 역사문화유산 자료를 수집하기 시작했다. 그 과정에서 개성의 고려왕릉을 비롯해 여러 지역의 문화유산을 촬영한 사진을 입수할 수 있었다. 그 사진의 일부가 2020년 『뉴시스』에 '사진으로 보는 북 고려왕릉'이라는 제목의 연재기사를 통해 소개됐다.

최근 사진을 통해 확인된 고려왕릉은 북한 당국의 대대적인 정비에도 제대로 관리되지 않아 석물의 상당수가 사라지고, 일부 무덤은 왕릉이라고 볼 수 없을 정도로 황폐해진 모습을 보여준다. 신라나 조선 시대의 왕릉과 비교하면 관리상태가 상당히 부실하다. 남쪽의 강화도에 있는 고려왕릉도 실정은 크게 다르지 않으니, 몰락한 왕조의 비애를 그대로 보여주는 듯하다.

## 고려왕릉은 왜 이렇게 방치됐나

고려 시대는 일반적으로 지배 세력을 기준으로 보면 호족의 시대(태조~경종, 918~981), 문벌 귀족의 사회(성종~의종, 982~1170), 무인정권(式人政權) 시대(명종~원종 11년, 1170~1270), 권문세족(權門世族)과 신진사류(新進士類)의 사회(원종 11~공양왕, 1270~1392) 등 네 시기로 나누어 볼 수 있다.

고려가 건국되어 안정되고 발전하고 있던 두 번째 시기까지는 비교적 왕릉들이 잘 관리되었다. 제17대 인종 때까지만 해도 고려는 59기의 왕릉에 위숙군(圍宿軍)을 배치해 관리했다. 그러나 세 번째 시기인 무신 집권기에 들어서면서 왕권이 약화 되고 사회가 혼란스러워지자 왕릉에 대한 도굴이 성행하기 시작했다. 1208년(희종 4) "도적이 안종의 무릉을 도굴"한 것을 비롯해 『고려사』에는 끊임없이 왕굴 도굴과 훼손에 대한 기록이 등장하고 있다.

더 큰 요인은 거란, 몽골, 홍건적 등의 침입으로 인한 전쟁의 피해였다. 고려의 궁궐(정궁)은 태조 2년(919)에 창건(創建)된 이래 전란으로 4차례나 소실되고 4번 중건될 정도였으니 왕릉 관리에 신경을 쓰기 어려웠을 것이다. 1217년(고종 4) 개성 지역까지 침입한 거란군이 공예태후(인종의 왕비)의 순릉(純陵)을 도굴했고, 뒤이은 몽골 침입 때는 명종의 지릉이 파괴됐다. 몽골 침입 땐 왕건릉을 강화도 옮겨가기까지 했다.

고려가 멸망하고 조선이 건국되자 고려왕릉은 더욱 관리가 되지 않았다. 조선 건국 초기 3대 태종은 고려의 태조를 비롯한 전조 8왕의 능에만 수호인(守護人)을 두었고, 세종은 고려 태조·현종·문종·원종의 능에만 수호인을 두고 나머지 왕릉은 소재지의 관(官)이 관리케 하였다. 그렇기 때문에 4명의 왕을 제외한 나머지 왕릉은 관리가 소홀해졌고, 구전으로만 왕릉의 위치 등이 전승되는 수준이 되었다.

이후 임진왜란과 병자호란을 거치면서 고려왕릉은 더욱 퇴락되었다. 현재 확인되는 왕릉의 능주(陵主)와 위치는 양난 이후 대부분 실전됐다가, 조선 현종 때 다시 고려왕릉을 조사해 비정한 것이다.

조선 후기 고려왕릉에 대한 조사와 관리 실태를 가장 잘 보여주는 문서가 바로 예조 전향사에서 편찬한 『여조왕릉등록(麗朝王陵謄錄)』이다. 이 책에는 1638년(인조 16)부터 1690년(숙종 16)까지 조선 이전에 조성된 각 능과 묘(廟)에 관련된 보고와 그에 대한 왕의 조처를 연대순으로 수록하고 있다. 한마디로 조선이 임진왜란과 병자호란이라는 두 차례 큰 전쟁을 겪은 뒤에 고려왕릉에 대한 광범위한 조사를 통해 새로 '호적등본'을 만든 과정이 담겨 있다고 할 수 있다. 현재 우리가 고려왕릉에 대해 쓰고 있는 '명릉군', '칠릉군', '경릉군' 등의 호칭도 이때 처음 만들어졌다.

조선 중종 25년(1530)에 편찬된 신증동국여지승람(新增東國輿地勝覽)에는 개성, 장단, 고양, 강화 등에 소재한 고려왕릉 37기의 능호와 위치가 기록되어 있다. 병자호란을 겪은 후 왕위에 오른 현종은 『신증동국여지승람』의 기록을 참고로 지속적인 조사와 고노인(古老人) 4, 5명으로부터 수집한 정보를 기초로 고려왕릉 43기에 대한 소재를 파악할 수 있었다.

현종 3년(1662) 6월에 작성된 고려왕릉 43기와 당시 보존상태에 대한 기록을 정리하면 〈표〉와 같다.

이후 현종, 숙종, 숙종, 순조 연간에 지속적으로 조사와 관리가 이뤄지면서 1818년(순조 18)에 이르면 개성부 41기, 장단·풍덕·강화·고양의 16기 등 총 57기의 고려왕릉이 파악되었다.

현종 때와 비교해 보면 명릉 남쪽 릉(구릉=서구릉), 안종 건릉, 원릉, 경릉동 3릉, 고기(庫基) 2릉(고읍리의 2기), 온혜릉, 세조 창릉, 신성왕후 정릉(貞陵) 등이 추가되었고, 이외에 강화의 홍릉, 석릉, 가릉, 곤릉과 고양의 공양왕릉이 추가되었다.

| 대수 | 호칭 | 능주 | 조사 내용 | 비고 |
|---|---|---|---|---|
| 1 | 태조릉 | 태조왕건 | 수림 울창. 능상 사초와 4면 석물이 거의 훼손되지 않음. 재실에 수직 승려 1인이 있음. | |
| 2 | 총릉 | 충정왕 | 4면 석물은 유존하나 능토의 태반은 훼손. | |
| 3 | 안릉 | 정종 | 개성부 남쪽 5리. 능토는 무너지지 않았지만, 4면 석물 반쯤 매몰. 능 왼쪽에 오래된 무덤이 셀 수 없이 들어섬. | |
| 4 | 양릉 | 신종 | 능 형태는 있으나 4면 석물이 다 깨져 있음. 계단돌이 뽑혀져 있으며, 좌우의 장군석은 뽑혀 넘어져 있고, 운반한 흔적까지 있음. 능 주위에 수많은 무덤 존재. | |
| 5 | 강릉 | 성종 | 개성부 남쪽 기슭. 능 형태가 완연하고 높고 큼. 위에 구멍 하나가 있음. 4면 석물은 남아 있지만 깨지거나 넘어진 상태. 병풍석이 밭에 널려 있음. | |
| 6-7 | 현릉·정릉 | 공민왕과 노국대장공주 | 봉명산 남쪽 기슭. 쌍릉. 4면 석물 성대하게 배치. 크게 훼손된 것은 없음. 정자각, 석주 등 석조물 모두 유존. | |
| 8 | 태릉 | 대종 | 봉명산 남쪽 해안사터. 4면 석물은 남아 있지만 움직여지고 기울어짐. 봉분은 온전하지는 않지만 무너지지는 않음. | |
| 9 | 영릉 | 숙종 | 장단부 송남면 불현 동남쪽 기슭. 능토 훼손 안 됨. 4면 석물 대부분 유존. 정자각과 곡장 역시 대부분 유존. 능내 수목이 울창. | |
| 10 | 경릉 | 문종 | 송남면 불일사 남쪽 기슭. 능토가 거의 무너짐. 4면 석물 온전하지만 움직여 있고 파손되어 있음. 능 위에 초목 다수 | |
| 11 | 지릉 | 명종 | 장단 고읍 남쪽 70리. 능토 거의 무너짐. 4면 석물 매몰됨. 양호석 4개, 장군석 3개 있음. | |
| 12 | 성릉 | 순종 | 개성부 10리 진봉산 남쪽 기슭. 4면 석물의 태반 유존. 능의 봉토가 평평해짐. 능 위에 큰 구멍이 뚫려 있어 출입 가능. 투장하거나 밭 경작은 없음. | 숙종1년에 경종 영릉으로 정정 |
| 이상 12릉은 능주와 능 위치가 명백하다고 기록 | | | | |
| 13 | 삼릉1릉 | | 개성부 서쪽 10리 만수산 남쪽 기슭. 속칭 명릉동. 필시 충목왕릉이지만 표석이 없어 누구의 능인지, 명릉인지 알 수 없음. 능토 많이 훼손. 4면 석물이 서 있거나 쓰러짐. | 현 명릉군 제1릉 |
| 14 | 삼릉2릉 | | 능토 반 정도 훼손. 4면 석물 서 있거나 넘어짐. 죽석과 내외 계단돌이 무너져 쌓여 있음. | |
| 15 | 삼릉3릉 | | 능토가 거의 무너졌으나 4면 석물은 유존함. 나머지 석물들은 거의 퇴적됨. 주변에 민가 없음. | |
| 16 | 월로동1릉 | | 송악산 서남 기슭 응봉 아래 월로동. 능 앞뒤에 구멍. | |
| 17 | 월로동2릉 | | 능토가 태반 훼손, 4면 석물 대부분 매몰. 능 남쪽에 구멍. | |

| 대수 | 호칭 | 능주 | 조사 내용 | 비고 |
|---|---|---|---|---|
| 18 | 능현동제1릉 | | 『동국여지승람』에 송악산 서쪽에 선릉이 있다는 기록으로 볼 때 세 개의 릉 중 하나가 필시 현종 선릉일 것으로 보이지만 표석이 없어 알 수 없음. 능토 훼손, 4면 석물 대부분 매몰. 능 전후에 구멍 | 능현동 3릉이란 지칭은 이후 기록에 나옴. 현재 선릉군 제1릉 |
| 19 | 능현동제2릉 | | 능토 훼손. 4면 석물 대부분 매몰. 주변에 2개의 무덤이 있지만 민가 없음. | 선릉군 제2릉 |
| 20 | 능현동제3릉 | | | 선릉군 제3릉 |
| 21 | 소릉동제1릉 | | 개성부 북 15리. 소릉동이라고 하지만 지금 5개 능 중 어떤 것이 소릉인지 알 수 없음. 1릉이 소릉이라고 함. 사면 석물이 유존. 능토는 반쯤 훼손되어 있음. | |
| 22 | 소릉동제2릉 | | 능토가 거의 훼손. 석물 많이 물러나거나 전복됨. | |
| 23 | 소릉동제3릉 | | 능토가 거의 훼손되고, 석물은 매몰됨 | |
| 24 | 소릉동제4릉 | | 위가 훼손. 석물은 유존하나 잘리거나 누워 있음. | |
| 25 | 소릉동제5릉 | | 봉토가 훼손되고, 4면 석물은 유존함. | |
| 26 | 송악산 남쪽 일릉 | | 개성부 동쪽 송악산 남쪽 기슭. 능 형태만 거의 남아 있고, 높이가 3-4척에 불과. 4면 석물 유존하나 능역이 다른 능에 비해 매우 작음. | 일제 강점기까지 이 능을 혜종 순릉으로 추정. 발굴 후 왕릉이 아닌 것으로 결론 |
| 27 | 냉정동제1릉 | | 냉정동 남쪽 기슭. 4면 석물 유존. 능토의 태반 훼손. | |
| 28 | 냉정동제2릉 | | 능토가 퇴락되어 4면 석물이 전복. 계단돌이 모두 훼손 | |
| 29 | 냉정동제3릉 | | 능토 훼손. 4면 석물 대부분 유존 | |
| 30 | 헌릉 | 광종 | 개성 적유현 북변동. 능토의 태반 훼손, 수목 무성. 4면 석물, 정자각 석물, 곡장 등의 돌 유존. | |
| 31 | 탄현문 밖 왕릉 | | 송악산 동쪽 탄현문의 서쪽. 다른 왕릉에 비해 능역이 매우 넓음. 4면 난간, 석주, 호석 등 일부 잔존. 능토는 태반 훼손. | 현재 동구릉 |
| 32 | 마전령릉 | | 탄현문 북쪽 5리. 장단부 송남면 마전령 남쪽 기슭. 능역이 매우 넓지만 능토는 거의 무너져 내림. 4면 석물 유존. | '화곡릉'이라고도 불린 이 왕릉은 혜종 순릉으로 확인됨 |
| 33 | 풍릉 | | 개성부 남쪽 15리. 속칭 홍릉. 능토 태반 훼손, 잡초 무성, 난간석주, 죽석, 양마석, 정자각, 석주 등 유존. 필시 고려의 왕릉. | 현재 순종 성릉. 성릉이 있는 곳의 과거 지명이 풍릉리 |
| 34 | 총릉 옆 왕릉 | | 좌우 석물 거의 파괴되었고, 능토 또한 퇴락. | 현재 예종의 유릉 |
| 35 | 경릉 서쪽 릉 | | 경릉 서북 기슭. 능토 거의 붕괴, 4면 석물 매몰 | 조선 후기 고지도에도 이 능이 표기되어 있으나 현재 확인되지 않음. 1668년 기록에 '경릉 3릉' 언급 |
| 36 | 고릉 | | 고릉동 | 1662년 10월 기록에 나옴 |
| 37-43 | 칠릉 | | 태조릉 뒤 2리(里)에 있음. 능토 반 이상 무너지고 초목이 무성. 4면 석물 대부분 매몰. | |

1867년(고종4) 고종은 고려왕릉을 일제히 정비하여 57기에 대해 '고려왕릉'이라고 표석을 세웠다. 이들 명칭은 1910년대 조선총독부의 왕릉조사 사업 때까지 이어졌고, 그 결과물이 1916년 『고려제릉묘조사보고서(高麗諸陵墓調査報告書)』에 표기된 53기 고려왕릉의 위치다. 이러한 조사 결과가 오늘날까지 그대로 이어지고 있지만 불확실한 능주를 둘러싼 논쟁은 여전히 진행 중이다.

## 관리와 연구 위해 남북 공동 노력 필요

개성의 고려왕릉들은 1956년 사회과학원 고고학연구소가 공민왕릉을 발굴하면서 조사가 시작됐고, 총 25여 기의 왕릉이 간헐적으로 조사된 것으로 전해진다.

발굴 이후 북한은 1994년 태조 왕건이 묻힌 현릉(顯陵)을 대대적으로 개건하고 공민왕릉을 보수했지만, 나머지 왕릉들은 거의 방치되어 세월의 풍상을 견뎌야 했다. 1990년대 중반 최악의 경제난을 겪으면서 북한은 문화재 관리에 신경을 쓸 여력도 부족했다.

2004년 '고구려고분군'(高句麗古墳群), 2013년 개성역사유적지구를 유네스코 지정 세계문화유산으로 등재하면서 북한은 민족문화유산의 보존과 세계화에 눈을 돌리기 시작했다. 김정은 국무위원장까지 직접 나서 2014년 '민족유산보호사업은 우리 민족의 역사와 전통을 빛내는 애국사업이다'이란 제목의 담화를 발표하고, "우리나라 유산을 세계문화유산으로 등록하기 위한 활동을 계속해야 한다"고 독려했다.

문화재 관리 법제도 개정해 2015년 '민족유산보호법'을 새로 제정했다. 이후 북한은 내각 민족유산보호국과 조선민족유산보존사, 사회과학원 고고학 연구소의 연구사, 송도사범대학 교원 주도로 고려 도성인 개성성 안과 개성 인근의 여러 유적에 대한 대대적인 조사와 발굴 활동을 벌였다.

특히 지난 6년간 북한 당국은 개성시와 개성 인근 지역에 흩어져 있는 고려왕릉과 왕릉으로 추정되는 무덤을 대대적으로 발굴, 정비했다. 이 과정에서 월로동1릉(답동1릉)과 월로동2릉(답동2릉)을 발굴해 고려 9대 덕종의 숙릉(肅陵)과 10대 정종의 주릉(周陵)으로 능주를 확정하고, 2017년에는 15대 숙종의 영릉(英陵)을 발굴 후 묘역을 대대적으로 정비했다.

2019년에는 화곡릉을 발굴한 후 2대 혜종의 순릉(順陵)이라고 확정 발표했고, 유일하게 개성성 안에 있던 온혜릉(溫鞋陵)을 발굴하고 정비했다. 그리고 2022년, 그 동안 거론되지 않았던 무덤을 발굴해 충렬왕의 경릉으로 확증하는 개가를 올렸다.

휴전 이후 사실상 처음으로 개성지역 고려왕릉에 대한 전면적인 조사와 정비작업이 이뤄진 셈이다. 현재까지 파악된 고려왕릉은 개성지역에 남아 있는 56기와 남한에 남아 있는 6기를 합해 총 62기로 추정된다.

### 왕릉의 현재와 과거 비교 위해 수천 장 사진DB 대조

필자는 개성지역에 대한 북한의 조사와 발굴 작업이 활발해진 것에 주목하여 고려왕릉의 과거와 현재를 종합적으로 엿볼 수 있는 사진과 동영상을 집중적으로 수집했다. 특히 중국, 일본, 미국 등 북한에 들어갈 수 있는 해외교포를 통해 수백 장의 고려왕릉 사진을 입수했다.

이를 과거 고려왕릉의 모습과 비교분석하기 위해 일제 강점기는 국립중앙박물관에 소장된 유리 원판 사진을, 분단 이후 시기는 필자가 직접 촬영하거나 북한이 공개한 사진과 조사보고서를 활용했다.

필자는 주로 현대사를 연구해 왔고, 고려사 분야는 문외한이다. 그러나 입수된 사진을 정리, 분석하면서 기존의 연구와 분석에 많은 허점과 오류가 있었다는 점을 확인했다.

특히 남한 학계의 고려왕릉 연구는 현장 답사가 어려운 조건에서 이루어졌고, 주로 일제 강점기에 일본학자가 조사한 내용이나 북한 학계에서 나온 발굴보고서를 토대로 왕릉의 석실구조와 축조방식, 출토 도자기류 등에 의존해 능주를 비정하다보니 1차 문헌인 『고려사』의 기록, 다른 출토 유물과 충돌하는 내용이 다수 발견된다.

이 책은 『뉴시스』에 연재한 내용을 수정 보완해 엮은 것이며, 그 과정에서 몇 가지 측면에 주목했다. 우선 연재 당시 소개하지 못한 사진을 추가하고, 일부 잘못된 내용을 바로잡았다. 대표적으로 고려 5대 경종의 영릉을 추가했고, 일제 강점기에 촬영된 유리원판 사진으로 남아 있는 고려 왕릉의 모습도 현재 모습과 비교 차원에서 추가했다. 또한 연재 당시에는 명릉군의 3개 무덤 중 두 개를 충렬왕릉과 충선왕릉으로 추정했지만, 『고려사』의 기록을 참고해 충선왕릉과 충목왕릉으로 수정했다.

그리고 덕종릉과 정종릉을 새로 발견된 능이라고 판단했던 것을 기존에 있던 월로동1릉과 월로동2릉을 발굴한 것으로 수정했다.

둘째로 개성지역에 남아 있는 전체 고려왕릉의 현황을 종합적으로 정리하고자 했다. 현재 개성지역에는 고려왕릉(추존 왕릉 포함)으로 추정되는 '돌칸흙무덤'이 56기가 남아 있다. 고려 재위 국왕의 무덤 중에서 왕릉의 주인이 밝혀지거나 추론이 가능한 것은 34명 중 24기에 불과하다.

태조 왕건을 비롯해 혜종(2대), 정종(3대), 광종(4대), 경종(5대), 성종(6대), 덕종(9대), 정종(10대), 문종(11대), 순종(12대), 숙종(15대), 예종(16대), 신종(20대), 원종(24대), 충렬왕(25대), 충정왕(30대), 공민왕(31대) 등 17기는 위치와 능주에 별다른 이론이 없다. 여기에 북한이 고읍리에 있다고 주장하는 선종(13대)과 의종(19대), 현재 접근이 쉽지 않은 명종(19대), 발굴이 되지 않은 강종(22대)의 왕릉까지 합치면 21기가 된다. 이 4기의 왕릉은 황해북도 장풍군에 있다.

강화도에는 희종 석릉과 고종 홍릉이 남아 있고, 고양시에는 공양왕의 고릉이 남아 있다.

　원창왕후 온혜릉(溫鞋陵)을 비롯해 세조 창릉(昌陵), 대종 태릉(泰陵), 신성왕후 정릉(貞陵), 안종 무릉(武陵), 헌정왕후 원릉(元陵), 제국대장공주의 고릉(高陵), 노국대장공주 정릉(正陵), 강화도의 원덕태후 곤릉 등 9기의 왕후릉와 추존왕릉은 위치와 주인이 정확히 파악되고 있다.

　하지만 칠릉군의 7개 왕릉, 냉정동무덤군의 3개 왕릉, 소릉군의 4개 왕릉, 명릉군의 3개 왕릉, 선릉군의 3개 왕릉, 동구릉과 서구릉, 용흥동의 2개 왕릉, 경릉군의 2개 왕릉, 고릉동 왕릉 등 27기의 왕릉은 능주를 두고 의견이 엇갈리고 있다.

　강화도에 있는 5기의 고려왕릉 중에서 희종 석릉, 순경태후 가릉, 능내리석실분(성평왕후의 소릉 또는 가릉으로 추정)도 여전히 능주가 확정되지 않았다.

　최근 남한 학계에서는 통상적으로 인정되는 현종의 선릉, 원종의 소릉, 충목왕의 명릉이 조선후기에 능주를 새롭게 파악하면서 잘못 비정했다는 주장이 만만치 않게 나오고 있다. 또한 북한에서는 충렬왕릉을 비롯해 여러 기의 고려왕릉을 발굴하기도 했다.

　이러한 남북학계의 최근 동향까지를 고려해 고려왕릉의 현황을 사진 중심으로 정리하고, 일부 왕릉에 대해서는 문헌기록, 왕릉의 외부 능역과 석물, 무덤칸(석실) 내부의 구조, 기존에 주목하지 않은 출토 유물 등을 종합적으로 분석해 왕릉의 주인을 조심스럽게 추론했다.

　이 책에는 개성뿐만 아니라 강화도에 남아 있는 5기의 고려왕릉과 경기도 고양시에 있는 공양왕릉도 포함되어 있다. 이런 측면에서 이 책은 사진으로 보는 고려왕릉에 대한 종합안내서라고도 할 수 있다.

　셋째로 현재 북쪽에 남아 있는 56기의 고려왕릉이 있는 정확한 지리정보를 파악해 제시하고자 했다. 고려왕릉의 주인공을 확정하기 위해서는 무엇보다도 정확한 위치가 파악되어야 하고, 정확한 위치를 근거로 고려와 조선 시대의 문헌과 비교 검토되어야하기 때문이다.

특히 현장 방문이 어려워져 잘못 파악하고 있던 일부 왕릉의 위치와 북한이 새로 발굴한 덕종 숙릉, 정종 주릉, 충렬왕 경릉의 위치를 정확하게 명시했다. 다만 강종 후릉과 용흥동1릉과 2릉은 정확한 위치가 파악되지 않아 대략적인 위치만 표시했다.

그동안 남한 고고학계의 연구를 보면 고려왕릉의 능주를 추정하면서 왕릉 내부구조에 주목해 『고려사』 등 문헌에 기록된 고려왕릉의 방위와 맞지 않는 결론을 내놓는 경우가 많았다. 반면 남한 역사학계에서는 고려왕릉의 위치나 능주에 대한 연구가 거의 이루어지지 않았다. 이 책에서는 문헌기록을 우선하면서 고고학적 연구성과를 참고해 고려왕릉의 위치와 능주를 제시했다.

그리고 왕릉이 조성된 곳의 지형과 공간, 주변 왕릉과의 거리 등을 파악할 수 있도록 방위별로 구글어스 지도에 왕릉의 위치를 표시했다. 역사적 상상력을 동원한 문외한의 작업이기 때문에 당연히 많은 허점이 있을 것이다. 제기되는 전문가들의 조언과 질정은 겸허하게 수용해 향후 지속적으로 수정 보완하고자 한다.

북한은 2013년 세계유산으로 등재된 개성역사유적지구에 당시 제외된 고려왕릉(태조릉, 공민왕릉, 명릉군, 칠릉군만 포함)을 추가하려고 시도하고 있다. 남한에서는 강화도 소재 고려왕릉까지 포함해 남북이 공동으로 세계문화유산에 등재하는 방안을 모색하고 있다.

고려왕릉을 매개로 이뤄지는 이러한 노력은 남북의 역사를 잇는 하나의 작은 발걸음이자 분단의 굴레에 갇힌 고려왕릉을 새롭게 조명하는 작업이 될 것이다. 사진으로나마 고려왕릉 연구에서 남과 북이 소통하고 교류할 수 있는 계기가 되길 기대한다.

일부 왕릉 사진은 북의 보도사진과 장경희 교수가 펴낸 『고려왕릉』 책에서 인용했다. 남북관계가 열리면 직접 개성을 다시 방문해 고려왕릉 사진을 찍을 수 있기를 소망한다. 2010년 2월 20일 개성에 갔던 것이 마지막 방북이었다. 당시까지만 해도 개성에 가는 것은 크게 어려운 일이 아니어서 10년 넘게 가는 길이 막힐 줄은 전혀 예상하지 못했다. 누구나 개성 여행을 다녀올 수 있는 날을 상상해 본다.

　　끝으로 연재를 흔쾌히 허락해준 박진용 당시 뉴시스 편집국장, 많은 사진을 일일이 보정해 준 박진희 당시 사진부장, 여러 조언을 해준 국민대 국사학과 홍영의 교수에게 고마움을 전한다. 개경 도성도와 왕릉 위치도를 작업해 준 예은이와 원고를 여러 차례 읽으며 교정해 준 수민이에게도 사랑의 마음을 전한다.

2023년 11월 15일
정창현 씀

# 목차

박연폭포

묘지산

제석산

천마산

영취

40 21

41

용암산

영통사 4

48

평양개성고속도로

매봉

4

22

예성강

10 9 53~56

50~52

송악산 2

7

봉명산 만수산 8

39 37 만월대 내성 부흥산

35 36 46 32 황성 2

25~31 남대문

1 외성

42 24 1 용수산 20 3

33 23 45 17

강서사 개성

43 5

16 34 진봉산

6

벽란도

12

38 5

한강 군장산

44

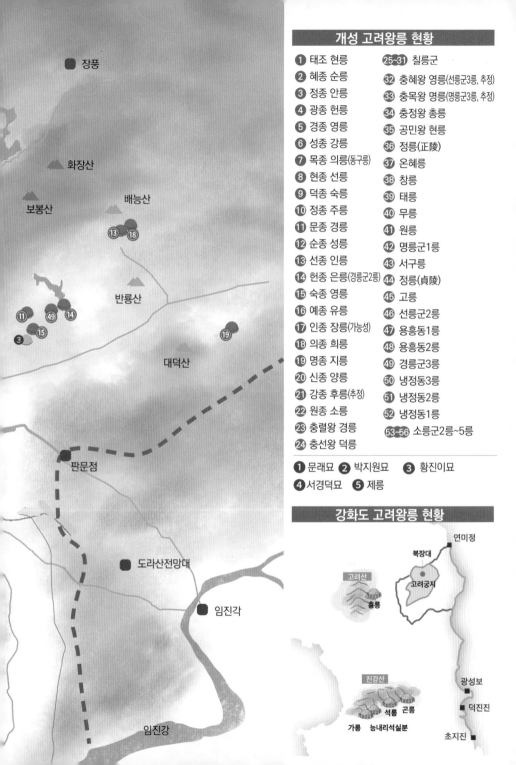

## 개성 고려왕릉 현황

| | |
|---|---|
| ① 태조 현릉 | ㉕~㉛ 칠릉군 |
| ② 혜종 순릉 | ㉜ 충혜왕 영릉(선릉군3릉, 추정) |
| ③ 정종 안릉 | ㉝ 충목왕 명릉(명릉군3릉, 추정) |
| ④ 광종 헌릉 | ㉞ 충정왕 총릉 |
| ⑤ 경종 영릉 | ㉟ 공민왕 현릉 |
| ⑥ 성종 강릉 | ㊱ 정릉(正陵) |
| ⑦ 목종 의릉(동구릉) | ㊲ 온혜릉 |
| ⑧ 현종 선릉 | ㊳ 창릉 |
| ⑨ 덕종 숙릉 | ㊴ 태릉 |
| ⑩ 정종 주릉 | ㊵ 무릉 |
| ⑪ 문종 경릉 | ㊶ 원릉 |
| ⑫ 순종 성릉 | ㊷ 명릉군1릉 |
| ⑬ 선종 인릉 | ㊸ 서구릉 |
| ⑭ 현종 은릉(경릉군2릉) | ㊹ 정릉(貞陵) |
| ⑮ 숙종 영릉 | ㊺ 고릉 |
| ⑯ 예종 유릉 | ㊻ 선릉군2릉 |
| ⑰ 인종 장릉(가능성) | ㊼ 용흥동1릉 |
| ⑱ 의종 희릉 | ㊽ 용흥동2릉 |
| ⑲ 명종 지릉 | ㊾ 경릉군3릉 |
| ⑳ 신종 양릉 | ㊿ 냉정동3릉 |
| ㉑ 강종 후릉(추정) | 51 냉정동2릉 |
| ㉒ 원종 소릉 | 52 냉정동1릉 |
| ㉓ 충렬왕 경릉 | 53~56 소릉군2릉~5릉 |
| ㉔ 충선왕 덕릉 | |

① 문래묘  ② 박지원묘  ③ 황진이묘
④ 서경덕묘  ⑤ 제릉

## 강화도 고려왕릉 현황

# 1

# 고려, 개성에 터를 잡다

왕궁이 들어서고, 고려의 역사가 시작되다

# 오백 년 도읍지를 돌아보니
# 고려의 흥망성쇠가
# 가슴에 닿는다

개성시는 약 500년 동안 고려의 수도였던 곳으로 많은 문화유산을 가지고 있는 문화·관광 도시이다. 북한은 2014년 개성의 일부 역사유적을 세계문화유산으로 등록하는데 성공했다. 세계문화유산으로는 개성성, 개성남대문, 만월대, 개성첨성대, 숭양서원, 표충비, 선죽교, 고려 성균관, 왕건왕릉, 공민왕릉, 칠릉군, 명릉군 등 개성을 대표하는 12개의 국보유적과 보존유적이 포함됐다.

개성은 본래 고구려 땅으로서 부소갑·동비홀 등으로 불렸는데 왕건이 고려를 건국하면서 수도를 송악산 남쪽에 정하고 이름을 개주로 고쳤다. 고려 때는 경도·경성·황도·송도·중경·개경 등의 이름으로 불렸으며 개성이라는 명칭은 995년부터 쓰이기 시작했다. 고려는 건국 후 송악산을 주산으로 삼아 남쪽에 도성을 쌓았다.

## 궁예의 명으로 왕건이 축성한 발어참성(勃禦塹城)

개성에는 여러 시기에 걸쳐 쌓은 성들이 있었다. 그중 가장 먼저 쌓은 것이 발어참성이다. 보리참성, 밀떡성이라고도 하는 이 성은 후삼국의 하나인 태봉국이 896년에 송악산 기슭에 쌓은 것이다. 이 성은 둘레 약 40km 정도로, 896~898년에 태봉의 궁예가 왕건에게 명하여 축성한 것이다.

898년 도읍을 철원에서 송악(지금의 개성시)으로 옮긴 후 905년 다시

개성 서쪽 송악산 자락에 남아 있는 발어참성의 흔적

철원으로 천도할 때까지 발어참성은 태봉의 궁성이었다. 오늘날 만월대라고 부르는 고려 왕궁의 외부를 둘러싼 성이었다. 현재 서쪽과 동쪽에성의 흔적이 남아 있다.

　발어참성은 918년 고려 왕조가 개국한 후에도 그대로 고려의 황성으로활용되었다. 고려를 건국한 왕건은 919년(태조 2) 수도를 개성으로 옮기면서 발어참성 안의 만월대에 궁성을 쌓고 궁전을 새로 지었다. 건국 초기에 수도 개성에 쌓은 왕성은 중앙관청들이 자리잡은 지역을 둘러싼 황성과 왕이 거처하는 궁전을 둘러싼 궁성으로 나뉜다. 그 후 1029년 궁성과 황성 외곽에 나성(외성)을 쌓았다.

자남산에서 본 개성 시내. 개성도성의 외성은 송악산-오공산-용수산-덕암-부흥산을 연결해 쌓았고, 내성은 오공산-서소문-남대문-자남산-송악산을 연결해 쌓았다.
① 용수산 ② 오공산 ③ 송악산 ④ 내성 성곽터 ⑤ 황성 성곽터 ⑥ 만월대 ⑦ 자남산

① 외성 북창문

⑩ 눌리문

⑨ 외성 남서쪽 성벽

⑧ 서소문(소실)

② 만월대

③ 외성 동북쪽 성벽

松都城內圖

⑤ 개성 시내

⑦ 내성 남대문

현재 만월대를 둘러싼 궁성의 성벽은 북벽·동벽·서벽의 일부만 남아 있고 남벽은 거의 없어졌다. 궁성 안에는 수십 개의 궁정과 문, 정자와 못 등이 있었으나 1361년 홍건적의 침입으로 불에 타 폐허가 되었고 지금은 축대와 초석만이 남아 있다.

## 개성시 외곽을 둘러싼 개성성의 외성인 개성 나성(開城羅城)

나성(羅城)은 도성이었던 개성을 둘러싼 성으로, 개성옛성 또는 개성성·외성(外城)이라고도 한다. 11세기 초 거란의 침입이 있은 뒤 강감찬의 건의에 따라 현종이 청주의 호족 이가도(李可道)에게 명하여 축성했다. 1009년(고려 현종 즉위년) 공사가 시작되어 착공 21년 만인 1029년(현종 20)에 완공했다.

송악산 꼭대기에서 시작하여 서쪽의 지네산(오공산), 남쪽의 용수산, 동쪽의 부흥산 등 높은 산봉우리들을 이용하여 쌓은 평산성식 성곽이다. 둘레는 약 16km, 성벽의 높이는 약 3~4m 정도 된다. 성벽을 쌓는데 30만 4000여 명이 동원되었으며, 성벽의 재료는 주위 조건에 따라 돌 혹은 흙을 사용하였으며, 상황에 따라 돌과 흙을 혼합하여 쌓기도 하였다.

동서남북의 4대문과 중문 8개, 소문 13개가 있었고 중요한 성문에는 옹성과 치(雉)를 쌓았다. 또한 성벽 위에는 성가퀴를 만들고, 활 쏘는 구멍을 냈다.

고려 말에 쌓기 시작한 내성은 발어참성과 나성 중간에 만든 성곽이다. 고려 말에 외적에 대한 방어를 강화할 목적으로 1391년부터 활성 동남쪽 나성 안에 쌓기 시작하여 1393년(조선 태조 2)에 완공됐다. 내성의 성벽은 나성 서쪽 문인 눌리문 부근에서 시작하여 남대문을 지나 동쪽으로 가다가 자남산에 이른 뒤 다시 북쪽으로 이어져 성균관 뒤 언덕에서 나성 북쪽 성벽에 다다른다. 내성의 총길이는 8.5km이다.

개성성 서쪽 성곽 시작 부분에 세워져 있는 세계문화유산 표식비.

　내성은 평면이 반달모양이라 하여 반월성이라고도 했다. 내성에는 남대문을 비롯하여 동대문·동소문·서소문·북소문·진언문 등 7개의 성문이 있었으나 지금은 1954년에 옛 모습대로 복구된 남대문만이 남아 있고, 서소문의 경우 두 장의 사진만 전해져 옛 모습을 유추해 볼 수 있을 뿐이다.

## 전각은 없고 잡초만 무성 고려 황성터 만월대(滿月臺)

　내성은 조선 초기에 완성됐기 때문에 고려의 도성은 왕이 거주하는 궁궐과 궁성, 이를 둘러싸고 있는 황성, 그리고 도성 외각을 보위하는 나성으로 이뤄져 있었다. 현재 남아 있는 만월대터는 궁성 안에 조성되어 있던 궁궐이 있던 자리이다.

　고려 중기 문인 이규보(李奎報)는 "아 대단하구나. 도성안의 수 만 채 집들은 잉잉거리는 벌떼들이 모인 것 같고 큰길 내왕하는 수 천여 사람들은 개미떼 굼질거리는 것 같구나"라며 도성 안 사람들의 모습을 묘사했다.

만월대에 자리하고 있던 고려 궁궐은 1361년(고려 공민왕 10)에 모두 불에 타서 폐허가 됐다. 현재 남아 있는 높은 축대를 올라가면 정전인 회경전(會慶殿) 터를 중심으로 만월대터가 펼쳐진다.

포은 정몽주, 목은 이색과 함께 고려 말의 3은이라고 불린 고려 말의 충신 야은(冶隱) 길재는 "오백 년 도읍지를 필마(匹馬)로 도라드니 산천(山川)은 의구(依舊)하되 인걸(人傑)은 간 듸 업다"라고 읊었는데 현재 만월대터에는 풀만 무성하다.

만월대는 1973~1974년에 걸쳐 발굴 조사됐고, 남북 공동발굴조사가 실시되고 있다. 발굴조사 결과 만월대는 크게 중심 건축군과 서부 건축군, 동부 건축군으로 갈라진다.

고려 8대 현종 때 새로 건설된 중심 건축군은 회경전, 장화전, 원덕전 등 3개의 큰 궁전건물과 기타 부속건물들로 구성되어 있었다. 중심 건축군의 궁전들에서는 국가적인 행사들과 조회, 사신맞이가 진행됐으며 전쟁과 같은 중요 국사들도 논의됐다.

기본정전으로 왕이 공식적인 의식을 거행하던 건물인 회경전(會慶殿)을 중심으로 궁성 동쪽 벽까지 약 135m, 서쪽 벽까지 약 230m이며, 남쪽 벽의 성문인 승평문(昇平門)까지 약 250m이다.

회경전은 정면 3칸, 측면 4칸으로 된 본채의 좌우에 정면 3칸, 측면 4칸의 익사(翼舍)가 붙어 있는 형태였다. 회경전 앞에는 문무백관들의 조회를 받던 넓은 마당이 있었고 그 뒤에는 장화전터가 있다.

중심 건축군터의 서쪽 낮은 지대에는 20여 채의 궁전건물들이 있었던 서부 건축군터가 있다. 여기에는 회경전 다음가는 지위에 있던 정전인 건덕전이 있었다. 고려왕들은 중요한 행사나 의식, 중대한 국사토의를 할

8대 현종 때 다시 건설한 회경전 등의 모습을 재현한 상상도.

고려 시대 태조가 창건하여 거처하던 궁궐터인 만월대가 개성시 송악산 남쪽에 자리잡고 있다. 만월대 뒷쪽으로 보이는 산이 송악산이고, 그 뒤로 매봉이 있다. 송악산과 매봉 사이 능선에는 덕종의 숙릉, 원종의 소릉 등의 왕릉이 자리잡고 있다.

개성 대흥산성의 북문과 바깥쪽 계단 전경.

때를 제외하고는 건덕전에서 정사를 보았다.

이곳에는 선정전(편전 – 왕이 일상적으로 사무를 보는 궁전의 한 부분), 중광전(편전), 연영전(편전), 장령전(편전), 자수전(편전), 만령전(침전)과 같은 많은 궁전들과 사당, 절들도 있었다.

서부 건축군의 대부분은 아직도 땅속에 묻혀있는데 그 일부는 발굴에 의해 드러났다. 서부 건축군에 있었던 건물들은 고려 건국 초기 때부터 사용됐다.

중심 건축군터의 동쪽 낮은 지대에 있던 동부 건축군터에는 세자궁인 수춘궁이 있었다. 수춘궁에는 춘덕문과 원인문, 육덕문 등 대문과 수춘전, 건명전을 비롯한 여러 궁전건물들이 있었다고 한다.

이 외에도 개천에 놓인 돌다리 만월교, 수만 권의 장서를 보관했던 임천각(臨川閣), 불교사찰인 법운사(法雲寺)와 내제석원(內帝釋院) 터도 발굴됐다.

## 개성을 보위하는 산성 대흥산성(大興山城)

조선이 한양도성의 북쪽에 북한산성을 쌓아 도성을 방위했던 것처럼 고려도 개성 도성 북쪽 천마산에 대흥산성을 쌓았다. 대흥산성은 개성시내에서 북쪽으로 16㎞정도 떨어져 있다.

천마산성이라고도 불리는 이 산성은 개성 북쪽 대흥산의 산성골을 감싸며 천마산, 청량봉, 인달봉, 성거산 등의 험준한 산봉우리를 연결하여 쌓은 석성이다. 천마산을 연결한 구간은 험한 절벽을 성벽으로 그대로 이용했고 능선과 평평한 구간에는 돌로 성벽을 쌓았다.

산 능선을 따라 쌓은 성벽은 바깥쪽에만 쌓아 올리고, 평평하거나 계곡이 있는 곳에서는 양쪽에 쌓았다. 또 절벽이 낮은 곳에는 성가퀴만을 쌓았으며 10개소에 치(雉)를 설치하였다.

축성연대는 확실하지 않으나 출토된 기와들로 보아 고려 시대에 처음 쌓은 것으로 보이며, 1676년(조선 숙종 2)에 크게 보수했다. 성의 둘레는 10.1km, 높이는 4~8m 정도이다. 원래 동·서·남·북 4개의 큰 성문과 동소문·서소문 등 6개의 사이문을 갖추었으나 현재는 북문만이 원형을 유지하고 있다.

대흥산성의 북쪽에 있는 북문은 지금까지 석축과 문루가 그대로 남아 있다. 북문의 문루는 정면 3칸, 측면 1칸이고, 큼직큼직한 돌로 쌓은 석축의 한가운데에는 높이와 너비가 3.7m, 길이가 5.5m인 홍예문(무지개문)을 냈다. 이 문루는 박연폭포가 떨어지는 고모담 옆의 범사정과 함께 박연폭포의 경치를 한층 돋보이게 해준다.

이렇게 고려의 도성은 궁성-황성-내성-나성으로 확산되는 구조로 되어 있었고, 도성의 방비를 위해 북쪽에 대흥산성을 쌓아 활용했다. 고려 왕릉은 개성 도성 밖에 조성되었다.

# 2

## 풍수지리 고려해 터 잡은 고려왕릉

도성 밖 동서남북에 고루 배치

# 고려 초기 4대 왕릉 의도적으로 동서남북에 배치

전근대 국가에서 최고 권력자 왕은 특별한 존재였다. 그래서 왕과 비(妃)의 무덤은 다른 지배층이나 보통 사람의 것과 구별해 능(陵)이라 부른다. 왕릉은 왕이 죽은 후 살아가는 집으로, 능에 함께 묻은 부장품들과 능의 벽에 그려진 그림은 당대의 사고 체계와 생활 양식, 문화 수준을 가늠해보는 주요한 척도가 된다. 또한 왕릉은 단순히 죽은 최고 권력자의 안식처가 아니라 후대 왕의 권위를 보장하는 정치적 상징물이기도 하다.

조선왕릉은 대부분 도읍지였던 한양 외곽에 터를 잡았는데, 왕릉이 도읍지의 4대문 10리(당시 10리는 4km가 아니고 5.2km) 밖 80리 안에 위치해야 한다는 규정이 있었다. 이러한 규정은 궁궐에서 출발한 임금의 참배 행렬이 하루에 도착할 수 있는 거리를 기준으로 삼은 것이다.

고려왕릉도 궁궐(만월대)을 기준으로 도성 밖 동서남북에 고르게 분포된 것으로 확인된다. 왕릉의 배치로 봤을 때, 고려 시대에도 왕릉을 잡는 기준이 세워져 있었을 가능성이 크다. 고려는 태조 왕건부터 왕권 강화로 고려의 기틀을 마련한 4대 광종(光宗)까지 초기 4대 왕 중 태조는 도성의 서쪽 문인 선의문(오정문) 밖에, 혜종은 동북쪽 문인 영창문(탄현문) 밖에, 정종은 남쪽 문인 회빈문(고남문) 밖에, 광종은 북쪽 문인 북창문 밖에 분산해 안장했다. 이것은 우연이 아니라 의도적인 배치라고 판단된다. 사방에 초기 왕릉을 각각 배치해 그들을 신격화하는 동시에 도성을 보호하려는 풍수적 관념이 적용된 것이다.

고려 시대는 불교가 융성하고, 국가 운영에서 유교가 본격 수용된 시기지만 풍수지리설 또한 크게 유행했다. 풍수지리설이란 땅속에 흐르는 기운이 사람의 길흉화복(吉凶禍福)에 영향을 준다는 이론으로 산천의 형세를 살펴 도읍이나 사찰, 주거, 분묘 등의 위치를 정할 때 많이 활용됐다. 고려 수도 개경(개성)은 당대 시대이념인인 유교, 불교적 이념과 풍수지리를 적절히 활용해 새로운 왕조 건설의 정당성을 확보하고자 조성된 계획도시였다.

풍수지리로 보았을 때 개경은 힘찬 기상이 솟아나는 송악산을 진산(鎭山)으로, 자남산을 좌청룡(左靑龍)으로, 오공산(지네산)을 우백호(右白虎)로, 남쪽의 용수산을 사신사(四神砂)로 한 장풍국(藏風局, 주변을 둘러쌓은 산세)의 도읍지다. 개경은 송악산이 진산이기 때문에 송도(松都)라고도 불렸다.

고려왕릉은 도성 서쪽에 가장 많이 분포되어 있고, 남아 있는 왕릉들의 보존 상태도 가장 좋은 편이다. 제일 숭배 대상이던 태조 현릉이 이곳에 조성되어 있는데, 왕족들의 생활 근거지인 궁성과 가장 가깝기 때문이었을 것으로 추정된다. 또한 만수산과 봉명산 등에서 뻗어 내린 얕은 야산과 구릉지가 풍수적 조건을 잘 갖추고 있고, 불교의 서방 정토사상과도 방향성이 맞아 떨어졌기 때문일 것이다. 특히 원 간섭기에 조성된 왕릉이 서쪽에 집중적으로 배치됐다.

재위 왕릉을 시기별로 보면 태조 현릉부터 4대 광종 헌릉까지는 도성의 서·동·남·북에 배치한 후 5대 경종 영릉부터 7대 목종 의릉까지는 남쪽과 동쪽에, 8대 현종 선릉부터 10대 정종 주릉까지는 서쪽과 북쪽에, 11대 문종 경릉부터 20대 신종 양릉까지는 주로 동쪽과 남쪽에 조성했다.

그리고 강화도 천도시기를 지난 후 북쪽에 조성된 24대 원종 소릉을 제외하고는 대부분 서쪽에 조성됐고, 30대 충정왕 총릉만 남쪽에 자리를

송악산 서쪽 능선에서 본 개성 시내 전경(위). : ① 부흥산 ② 고려 성균관 ③ 송악산 ④ 고려
성균관대학 ⑤ 개성성 황성과 외성, 내성의 서쪽 성곽 ⑥ 황관비(궁성의 서쪽문인 서화문터)
⑦ 만월대터 ⑧ 자남산 ⑨ 개성공업지구 ⑩ 남대문 ⑪ 황성의 남문인 주작문터 ⑫진봉산 ⑬
통덕문(도찰문)터 ⑭용수산 ⑮아미산 ⑯오공산

파주 도라산전망대에서 본 개성(아래). 왼쪽부터 덕물산, 진봉산, 용수산, 오공산, 송악산, 매봉, 천마산, 묘지산으로 이어지는 능선이 한 눈에 들어온다.

잡았다.

현재 보존상태를 보면 태조 현릉 등 서쪽에 있는 왕릉들과 원종의 소릉 등 송악산 북쪽 매봉 자락에 위치한 왕릉들이 상대적으로 보존상태가 양호하고, 도성 남쪽 용수산과 진봉산의 낮은 구릉지에 자리 잡은 왕릉들은 자연재해, 전란(戰亂), 개발 등으로 훼손이 많이 된 것으로 확인된다.

## 왕릉의 외형구조는 3단에서 4단으로 변화

고려는 왕릉 터를 잡을 때 풍수지리를 철저히 고려했다. 우선 고려의 왕릉은 산 중턱 경사면에 터를 잡았고, 능 좌우로 산줄기가 감싸고 그 사이에 천(川)이 흘러가는 지형을 선호했다. 그리고 터의 앞쪽에는 조산이 솟아 있는 곳으로 정했다.

이러한 여건을 충족시키지 못하는 곳에는 인공적으로 곡장(曲墻, 무덤 뒤의 주위로 쌓은 나지막한 담)을 세워 주산의 기능을 대신하게 하거나, 바람을 갈무리하게 하여 풍수적 여건을 충족시키고자 했다. 평지 또는 낮

**현존 62기 고려왕릉의 방위별 분류**

| 위치 | 묘호(능호) |
|---|---|
| 개경 도성 안(1기) | 원창왕후(온혜릉) |
| 개경 도성 서쪽(22기) | 태조(현릉), 세조(창릉), 대종(태릉), 서구릉, 현종(선릉. 선릉군 1릉), 선릉군 2~3릉, 칠릉군 1~7릉, 명릉군 1~3릉, 충렬왕(경릉), 제국대장공주(고릉), 고릉동릉, 공민왕(현릉), 노국대장공주(정릉), |
| 개경 도성 동쪽(14기) | 혜종(순릉), 동구릉, 안종(무릉), 헌정왕후(원릉), 문종(경릉), 경릉군 제2~3릉, 숙종(영릉), 명종(지릉), 강종 (후릉), 고읍리 1~2릉, 용흥동 1-2릉 |
| 개경 도성 남쪽(8기) | 신성왕후(정릉), 정종(안릉), 경종(영릉), 성종(강릉), 순종(성릉), 예종(유릉), 신종(양릉), 충정왕(총릉) |
| 개경 도성 북쪽(11기) | 광종(헌릉), 덕종(숙릉), 정종(주릉), 원종(소릉. 소릉군 1릉), 소릉군 2~5릉, 냉정동 1~3릉 |
| 강화도, 고양시(6기) | 희종(석릉), 고종(홍릉), 원덕왕후(곤릉), 순경왕후(가릉), 능내리석실분, 공양왕(고릉) |

은 구릉지에 자리하는 통일신라시대 왕릉과 산 능선 끝자락에 조성된 조
선왕릉과 다른 점이다.

능역은 남북 길이 30~40m, 동서너비 20~25m 내외로 조성됐고 산
의 경사면을 따라 3~4단의 계단식으로 조성되었다. 계단식 구조는 산지
의 지형 훼손을 최소화 하면서 능의 위엄을 높일 수 있었다.

특히 능역구조는 왕릉의 조성시기를 판별하는 1차적인 근거가 된다.
대체로 현재 남아 있는 고려왕릉은 태조 현릉부터 20대 신종 양릉까지는
3개 구획(3단)으로 나눠 조성됐고, 강화도 천도시기를 거치면서 24대 원
종 소릉부터는 4개 구획(4단)으로 나눠 조성됐다.

3단 구조로 조성된 고려 초기 왕릉은 1단에는 봉분과 석수, 상석, 망주
석 등이, 2단에는 문인석이 좌우에 배치됐으며, 3단에는 정자각(제당)이

되어 명·청대까지 계속된다.

한국에서는 당나라의 영향을 받아 능묘제도가 정비된 통일신라 초기부터 나타나기 시작해 조선 시대까지 이어졌다. 조선 시대의 문인석은 우리 주변의 왕릉과 사대부묘에서 흔히 볼 수 있다. 석인상은 능묘를 옹위하는 수호자로 당시의 조각양식을 잘 보여줄 뿐만 아니라, 능묘제도와 능의 조성시기 등을 파악할 수 있게 해준다.

조선 중기의 문신 유몽인(柳夢寅)은 『어우야담(於于野談)』에서 "조상의 묘 앞에 석인상을 세우는 이유는 공양해서 바치는 음식에 도깨비나 귀신이 달라붙지 못하게 하려는 것"이라고 설명했다.

조선 시대의 문인석은 관모와 관복의 종류에 따라 복두형(幞頭形) 관모를 쓰고 공복(公服)을 입은 복두공복형(幞頭公服形)과 금관형(金冠形) 관모에 조복(朝服)을 입은 양관조복형(梁冠朝服形)으로 나눌 수가 있다. 복두는 상하 두 단에 각진 형태이며 기다란 각(脚)이 뒤쪽에서 좌우로 뻗기도 하고 위로 올라가거나 아래로 드리워지기도 한다. 문인석의 경우 입체 조각의 어려움으로 복두의 각이 좌우로 뻗은 형식은 없다. 공복은 조정에

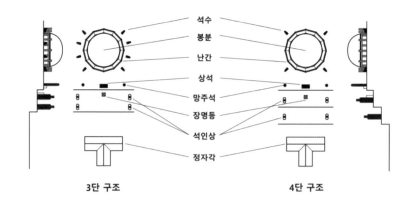

고려왕릉의 능역 각부 명칭

나아가 공무를 볼 때 입는 옷으로 목깃이 둥글게 파이고 소매는 넓고 길어 발까지 내려오는 경우도 있다.

한편, 금관과 조복은 의식이나 중요한 행사 때 착용하는 예복이다. 금관은 양관(梁冠)이라고도 하는데, 앞뒤로 길게 연결된 양(梁)은 품계에 따라 숫자가 달랐다. 양관(梁冠)은 모자의 앞부분부터 모자 위부분을 가로지르는 금색선(金色線)이 있는데 이 선(線)을 '양(梁)'이라고 부르는 데서 양관(梁冠)이라는 이름이 붙었다. 일반적으로 조선초기에는 복두공복형이, 중기이후에는 양관조복형이 대세를 이뤘다.

그런데 고려 시대 왕릉에 세워진 석인의 모습은 조선 시대와는 조금 달랐다. 태조 왕건왕릉이나 2대 혜종의 순릉에 세워진 석인은 양관을 쓰고 관복을 입은 문인상을 하고 있다. 공민왕 때 조성된 충정왕의 총릉에 복두형 관모를 쓴 문인석이 타나나기 전까지 모든 고려왕릉에는 양관을 쓴 형태로 형상화 됐다.

또한 통일신라시대에 조성된 전(傳) 성덕왕릉, 괘릉(掛陵), 흥덕왕릉 등에서는 문인석과 함께 무인석이 세워졌지만 고려 중기까지는 문인석만 세워졌고, 무인석이 세워진 사례가 확인되지 않는다. 다만 15대 숙종 영릉, 능주를 알 수 없는 칠릉군 제2릉, 제5릉, 제7릉에서 칼을 잡고 있는 무인석의 형태가 확인되지만 문인석과 확연한 차이를 보이지는 않는다. 머리에 투구를 쓰고 육중한 갑옷을 입고 있으며 두 손을 가운데로 모아 칼을 들고 있는 전형적인 무인석의 형태는 공민왕릉에서만 확인되고, 조선 시대의 무인상도 대체로 공민왕릉의 무인석을 모본으로 삼아 만들었다.

문인석의 경우 태조 현릉부터 7대 목종 의릉까지는 2단에 동서 양쪽에 1개씩 배치했고, 8대 현종 선릉부터는 2단에 동서 양쪽에 2개씩 4개를 배치한 것으로 보인다. 그리고 원 간섭기에 2단이 2단과 3단으로 분리되면서 2단에 문인석 1쌍, 3단에 문인석 또는 무인석 1쌍 등 4개가 배치되는 양상으로 바뀌었다. 공민왕릉의 경우에는 노국대장공주의 정릉과 쌍봉 형태로 조성됐기 때문인지 문인석 4개, 무인석 4개가 배치되어 있다. 또한 추존왕릉인 대종 태릉에는 2개가 아니라 4개의 문인석이 배치되어 있다.

고려왕릉이 여러 차례 개수 과정을 거쳤지만 능역 구조와 시설의 배치 양상은 기본적인 정형성을 유지한 것으로 판단되기 때문에 왕릉의 축조 시기를 판단하는데 가장 중요한 근거가 된다.

한편 태조부터 7대 목종까지는 왕릉 앞에 능비를 세웠던 것으로 추정된다. 현재 신성왕후 정릉, 동구릉, 서구릉, 경종 영릉 등에 능비의 받침 돌로 사용된 귀부(龜趺)가 남아 있다. 다만 15대 숙종 영릉에서도 능비 받침돌로 추정되는 귀부가 발견되어 세부적인 검토가 필요한 상황이다.

## 고려 후기로 갈수록 장례 기간 늘어나는 경향

왕이 죽으면 종묘를 신주에 모시는 과정에서 왕의 업적을 한 글자로 표현하고, '조(祖)'와 '종(宗)'을 붙이고 묘호(廟號)라 했다. 예를 들어 학문에 뛰어났다는 뜻의 문종(文宗), 어질었다는 뜻의 인종(仁宗) 등이다. 원칙적으로 '조'는 창업한 왕에 대해서만 쓰는 호칭이었다. 즉 "왕업(王業)을 창시한 임금을 '조'라 일컫고 계통(系統)을 이은 왕을 '종'이라" 했다.

고려의 경우 첫 왕인 태조 왕건을 제외하고는 모두 종의 호칭이 부여되었다. 몽골 간섭 시기에는 왕의 호칭이 강등되어 '충'(忠)을 앞에 붙이고, '종' 대신에 제후국을 상징하는 '왕'의 호칭을 사용했다.

고려 시대 왕과 비는 화장하지 않고 시신을 목관에 넣어 매장하는 게 원칙이었다. 단 왕위쟁탈전에서 패해 살해당한 뒤 화장된 목종(997~1009)만이 유일한 예외이다. 장례의식은 일차적으로 국왕의 시신을 묻는 매장의식으로 일단락된다.

**국왕의 사망장소와 장례 기간**

| 재위 | 국왕 | 사망장소 | 빈소 | 사망일 | 장례일 | 기간 |
|---|---|---|---|---|---|---|
| 1대 | 태조 | 신덕전 | 상정전 | 943년 6월 무신 | 6월 임신 | 26일 |
| 2대 | 혜종 | 중광전 | ? | 945년 9월 무신 | ? | ? |
| 3대 | 정종 | 궁궐 제석원 | ? | 949년 3월 병진 | ? | ? |
| 4대 | 광종 | 궁궐 정침 | ? | 975년 5월 갑오 | ? | ? |
| 5대 | 경종 | ? | ? | 981년 7월 병오 | ? | ? |
| 6대 | 성종 | ? | ? | 997년 10월 무오 | ? | ? |
| 7대 | 목종 | 적성현 | ? | 1009년 2월 기축 | ? | 30일 |
| 8대 | 현종 | 중광전 | 중광전 | 1031년 5월 신미 | 6월 병신 | 22일 |
| 9대 | 덕종 | 연영전 | 선덕전 | 1034년 9월 계묘 | 10월 경오 | 27일 |
| 10대 | 정종 | 산호전 | 선덕전 | 1046년 5월 정유 | ? | ? |
| 11대 | 문종 | 중광전 | 선덕전 | 1083년 7월 신유 | 8월 갑신 | 23일 |
| 12대 | 순종 | 선덕전 | 선덕전 | 1083년 10월 을미 | 11월 경신 | 25일 |
| 13대 | 선종 | 연영전 | 선덕전 | 1094년 5월 임진 | 5월 갑인 | 22일 |
| 14대 | 헌종 | 흥성궁 | ? | 1097년 윤2월 갑진 | 3월 경신 | 16일 |
| 15대 | 숙종 | 장평문 인근 | 선덕전 | 1105년 10월 병인 | 10월 갑신 | 18일 |
| 16대 | 예종 | ? | 선정전 | 1122년 4월 병신 | 4월 갑인 | 18일 |
| 17대 | 인종 | 보화전 | 건시전 | 1146년 2월 정묘 | 3월 갑신 | 17일 |
| 18대 | 의종 | 경주 곤원사 | ? | 1170년 10월 경신 | 5년 5월 병신 | 7일 |
| 19대 | 명종 | 창락궁 | ? | 1202년 11월 무오 | 윤12월 임인 | 44일 |
| 20대 | 신종 | 덕양후의 집 | 정안궁 | 1204년 1월 정축 | 2월 경신 | 43일 |
| 21대 | 희종 | 법천정사 | 낙진궁 | 1237년 8월 무자 | ? | ? |
| 22대 | 강종 | 수창궁 | ? | 1213년 8월 정축 | 9월 병신 | 19일 |
| 23대 | 고종 | 유경의 집 | ? | 1259년 6월 임인 | 9월 기미 | 77일 |
| 24대 | 원종 | 제상궁 | 제상궁 | 1274년 6월 갑자 | 9월 을유 | 82일 |
| 25대 | 충렬왕 | 신효사 | 숙비 김씨의 집 | 1308년 7월 기사 | 10월 정유 | 82일 |
| 26대 | 충선왕 | 연경 저택 | 숙비궁 | 1325년 5월 신유 | 11월 갑인 | 171일 |
| 27대 | 충숙왕 | 침전 | ? | 1339년 3월 계미 | 6월 기유 | 86일 |
| 28대 | 충혜왕 | 중국 악양현 | ? | 1344년 1월 병자 | 8월 경신 | 224일 |
| 29대 | 충목왕 | 김영돈의 집 | ? | 1348년 12월 정묘 | 3월 정유 | 90일 |
| 30대 | 충정왕 | 강화도 | ? | 1352년 3월 신해 | 7월 계유 | 82일 |
| 31대 | 공민왕 | ? | 보방 | 1374년 9월 갑신 | 10월 경신 | 36일 |
| 32대 | 우왕 | 강릉 | ? | 1389년 | ? | ? |
| 33대 | 창왕 | 강화 | ? | 1389년 | ? | ? |
| 34대 | 공양왕 | 삼척 | ? | 1394년 4월 병술 | ? | ? |

3단 구조로 조성된 2대 혜종 순릉과 9대 덕종 숙릉(위), 4단 구조로 조성된 30대 충정왕 총릉과 칠릉군 제7릉의 모습(아래).

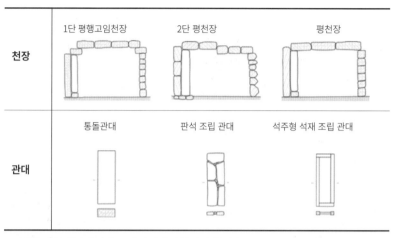

| 천장 | 1단 평행고임천장 | 2단 평천장 | 평천장 |
| 관대 | 통돌관대 | 판석 조립 관대 | 석주형 석재 조립 관대 |

고려왕릉 내부 천장과 관대 조성 방식의 변천 과정 ⓒ이상준

배치됐다. 4단으로 조성된 고려 후기 왕릉은 기존의 2단을 2개의 단으로 나누고 좌우에 문인석을 배치했다.

## 수호신의 역할을 하는 사람 형상의 석조물

석인(石人)은 능묘 앞에 세우는 사람 형상의 석조물이다. 석수(石獸)와 함께 능묘를 수호하는 능묘 조각의 하나로, 외형에 따라 문인석과 무인석으로 나뉜다. 문인석은 문관 관복 차림의 형상을 하고 있는데, 대부분 머리에는 복두나 금량관을 쓰고 손에는 '홀(笏)'을 들고 있는 모습으로 조각됐다. 홀은 원래 신하들이 왕의 명령을 받아 적는 도구였다가 점차 의례 용품으로 변모한 것으로 옥, 상아, 나무 등으로 만들었다.

무인석은 갑옷와 군복으로 무인 복식을 갖춘 후, 검과 철퇴를 짚거나 손을 마주 잡고 있는 자세(拱手)를 취하는 등 다양한 모습을 띠고 있다.

통상 능묘 주위에 석인을 배치하는 풍습은 중국의 전한대(前漢代)부터 시작된 것으로 추정되며, 이후 후한대의 후장(厚葬) 풍습에 따라 일반화

왕건왕릉, 혜종릉, 경종릉, 숙종릉의 서쪽, 숙종릉의 동쪽, 명릉군 제2릉, 충정왕릉, 공민왕릉의
석인상들

조선 시대에는 사망 후 5개월 만에 장례를 지냈다. 왕릉터를 잡는 것부
터 시작하여, 이후 그곳에서의 제례, 왕릉 형식, 장례 후의 관리까지 자세
한 내용이 『국조오례의』 흉례 치장 편에 기록돼 있다.

세세한 절차까지 똑같지는 않았겠지만 고려왕조도 기본은 동일했을 것
이다. 다만 고려 때는 초기에는 30일 안에 장례절차를 끝냈지만 무신집
권기와 원 간섭기 때는 여러 정치적 사정으로 장례절차가 길어졌다. 폐위
되어 중국에서 사망한 28대 충혜왕의 경우에는 224일 만에 장례를 치렀
다.

태조 현릉을 비롯한 몇 개의 왕릉을 제외하고, 왕과 왕후릉은 따로 조

성됐다. 특히 왕후릉은 일반적으로 제1정비(사후에 왕후 또는 태후로 추존)와 아들이 왕이 되어 태후로 추존된 왕비에 국한돼 조성됐다.

## 무덤칸 축조와 관대 양식도 변화

태조 때부터 왕의 무덤은 (반)지하식의 평면 (장)방형 횡구식단실묘(橫口式單室墓·무덤칸이 1개로 3면의 벽을 먼저 쌓고 나머지 1면으로 드나드는 문을 만든 후 밖에서 벽을 쌓아 막는 무덤 양식)로 조성됐다.

일반적으로 무덤칸(묘실, 현실)의 동·서·북 3면의 벽석은 모두 수직으로 세우거나 쌓았고, 벽석 위쪽에 3~4매의 대형 판석으로 천장을 덮었다. 천장은 초기에만 1단평행고임천장으로 했고, 이후에는 평천장 형식이다.

묘실 내부 바닥 중앙에는 관대(棺臺)를 놓고 고려 초기에는 그 좌우에 유물 부장대를 마련하였으며 나머지 바닥에는 기와나 박석을 깔았다. 충정왕의 총릉이나 칠릉군 제6릉·제7릉 등의 사례처럼 고려 후기 공민왕대에 이르면 관대를 별도로 만들지 않은 왕릉도 나타났다.

관대는 통상 초기에는 1개의 화강암을 가공해서 만든 통돌관대가, 중기에는 여러 개의 판석을 맞춰 만든 조립관대가, 후기에는 테두리를 할석이나 화강암으로 두르고 안을 돌이나 흙으로 채운 석주형석재조립관대가 사용됐다. 물론 예외도 있다. 15대 숙종의 영릉은 판석조립관대가 아닌 통돌관대를 사용한 것으로 확인된다.

유물받침대의 경우 왕건왕릉을 비롯해 온혜릉, 명릉군 제1릉, 소릉군 제5릉, 서구릉, 동구릉, 혜종 순릉, 정종 안릉, 경종 영릉 등 고려 초기 왕릉에서만 발견되고, 8대 현종의 선릉 때부터는 유물받침대가 따로 설치되지 않았다.

왕릉에는 고급 자기와 도기, 청동제품이 부장된다. 목관의 겉을 장식했던 금동장식이나 못 등도 확인되어 왕릉의 위상을 확인할 수 있다. 조선 성종 8년(1477년)에 개성을 다녀온 후 남긴 유송도록(遊松都錄)에서 유학자 유호인(兪好仁, 1445-1494년)은 "(공민왕릉을) 처음 만들 때에 구슬과 비단, 옥으로 된 상자, 금으로 만든 오리, 은으로 만든 기러기 등 많은 보물로 장식하여서 여산에 있다는 진시황의 무덤과도 비견할만하였단다"라고 기록했다. 그러나 계속된 도굴로 고려왕릉의 부장품은 태조 현릉을 제외하고는 온전한 형태로 출토된 것이 거의 없다.

무덤칸의 크기는 능마다 편차가 있지만 대략 남북 3~3.5m, 동서 2.5~3m이며 높이 2m 내외로 사람이 편하게 걸어 다닐 수 있을 정도다.

벽면과 천장에는 회칠을 하고 벽화를 그렸는데, 벽면에는 12지신·사신(四神)·매화, 소나무, 대나무·나비를 그리고, 천장에는 별그림(성좌도)을 그렸다.

이렇게 마련된 무덤칸에 목관과 유물을 넣은 후 나무문과 1장의 대형판석으로 입구를 2중으로 폐쇄했다. 그리고 병풍석과 난간석을 두른 봉분을 쌓고(1단), 그 아래쪽으로 2-3층 석축을 쌓은 다음 2단, 3단에 장명등(석등)과 문·무인석을 배치했으며, 3단 또는 4단에 정자각(제당)을 두었다.

현재 정자각은 태조와 공민왕의 무덤에만 복원되어 남아 있고, 다른 왕릉에서는 터만 확인된다. 신라시대의 능에 없던 망주석, 장명등, 정자각 등 새로운 요소들은 조선 시대 왕릉으로 계승된다.

전체적으로 고려 후기 왕릉은 우리에게 익숙한 조선왕릉과 유사한 구조를 가졌던 것으로 보인다. 조선왕릉이 기본적으로 고려 말 공민왕릉을 모태로 삼았기 때문이다. 다만 고려왕릉은 돌을 쌓아 단을 만들고 돌계단을 만들어 그 상단에 봉분을 조성했지만, 조선왕릉은 둥그스름한 토단(土斷·흙으로 쌓은 단) 상부에 봉분을 조성한 점이 다르다.

34명의 재위왕의 왕릉 중 폐위되어 능이 조성되지 않은 우왕과 창왕을 제외한 나머지 왕릉의 소재지와 추정 위치를 정리하면 다음 표와 같다.

## 고려 국왕의 왕릉 소재지와 추정 위치

| 왕(廟號) | 능이름(陵號) | 축성 연대 | 현재 행정구역명 | 비고 |
|---|---|---|---|---|
| 태조 왕건 | 현릉(顯陵) | 943년 | 개성시 해선리 | 1994년 개건. 국보유적 제179호. |
| 2대 혜종 | 순릉(順陵) | 945년 | 개성시 용흥동 | 2019년 발굴. 구 화곡릉. 보존유적 557호 |
| 3대 정종 | 안릉(安陵) | 949년 | 개성시 고남리 | 보존유적 552호 |
| 4대 광종 | 헌릉(憲陵) | 975년 | 개성시 삼거리 | 보존유적 555호 |
| 5대 경종 | 영릉(榮陵) | 981년 | 개성시 진봉리 | 보존유적 569호 |
| 6대 성종 | 강릉(康陵) | 997년 | 개성시 진봉리 | 보존유적 567호. |
| 7대 목종 | 의릉(義陵) | 1009년 | 개성시 용흥동 | 동구릉(추정). 보존유적 558호 |
| 8대 현종 | 선릉(宣陵) | 1031년 | 개성시 해선리. 선릉군제1릉 | 보존유적 547호 |
| 9대 덕종 | 숙릉(肅陵) | 1034년 | 개성시 해선리 | 2016년 발굴. 월로동1릉 |
| 10대 정종 | 주릉(周陵) | 1046년 | 개성시 해선리 | 2016년 발굴. 월로동2릉 |
| 11대 문종 | 경릉(景陵) | 1083년 | 개성시 선적리 | 보존유적 570호 |
| 12대 순종 | 성릉(成陵) | 1083년 | 개성시 진봉리 | 보존유적 569호 |
| 13대 선종 | 인릉(仁陵) | 1094년 | 황해북도 장풍군 고읍리 | 고읍리제2릉. 국보유적 제201호 |
| 14대 헌종 | 은릉(隱陵) | 1097년 | 개성시 선적리 | 경릉리제2릉(추정) |
| 15대 숙종 | 영릉(英陵) | 1105년 | 개성시 선적리 | 2017년 발굴. 국보유적 36호 |
| 16대 예종 | 유릉(裕陵) | 1122년 | 개성시 오산리 | 보존유적 1701호 |
| 17대 인종 | 장릉(長陵) | 1146년 | 개성 남쪽 (고려사). 소실 | 고릉동릉(추정) |
| 18대 의종 | 희릉(禧陵) | 1175년 | 황해북도 장풍군 고읍리 | 고읍리제1릉. 국보유적200호 |
| 19대 명종 | 지릉(智陵) | 1202년 | 황해북도 장풍군 항동리 | 문화재 미지정 |
| 20대 신종 | 양릉(陽陵) | 1204년 | 개성시 고남리 | 보존유적 553호 |
| 21대 희종 | 석릉(碩陵) | 1237년 | 인천시 강화군 양도면 | 사적 369호 |
| 22대 강종 | 후릉(厚陵) | 1213년 | 황해북도 장풍군 월고리 | 미상 |
| 23대 고종 | 홍릉(洪陵) | 1259년 | 인천시 강화군 강화읍 국화리 | 사적 224호 |
| 24대 원종 | 소릉(昭陵) | 1274년 | 개성시 용흥동. 소릉군 제1릉 | 보존유적 562호 |
| 25대 충렬왕 | 경릉(慶陵) | 1308년 | 개성시 해선리 | 2022년 5월 발굴 |
| 26대 충선왕 | 덕릉(德陵) | 1325년 | 개성시 연릉리 | 명릉군 제2릉(추정). 보존유적 549호 |
| 27대 충숙왕 | 의릉(毅陵) | 1339년 | 개성시 해선리 | 칠릉군제2릉(추정). 보존유적 544호 |
| 28대 충혜왕 | 영릉(永陵) | 1344년 | 개성시 해선리 | 선릉군 제3릉(추정) |
| 29대 충목왕 | 명릉(明陵) | 1348년 | 개성시 연릉리.능주 비정 오류 | 세계문화유산. 보존유적 549호. 명릉군 제3릉(추정) |
| 30대 충정왕 | 총릉(聰陵) | 1352년 | 개성시 오산리 | 보존유적 550호 |
| 31대 공민왕 | 현릉(玄陵) | 1374년 | 개성시 해선리 | 세계문화유산. 국보유적 123호 |
| 32대 우왕 | 없음 | 1389년 | 장례 기록 없음 | 폐위 |
| 33대 창왕 | 없음 | 1389년 | 강화도에서 사망 | 폐위 |
| 34대 공양왕 | 고릉(高陵) | 1394년 | 경기도 고양시 원당 | 사적 191호 |

고려 2대 혜종 순릉(順陵)의 무덤칸 모습. 사진 가운데 목관을 올려놓는 관대가 있고, 그 양쪽으로 유물 받침대가 마련돼 있다.

관대 양식의 변화. 태조 왕건왕릉의 통돌관대, 9대 덕종 숙릉의 판석조립관대, 강화도 곤릉의 석주형석재조립관대.

**고려왕릉의 시기별 변천과 주요 특징**

| 구분 | 시기 | 능역 | 주요 특징 | 대표적 왕릉 |
|---|---|---|---|---|
| 제1기 | 10세기 | 3단 | 일부 고임천장, 통돌 관대, 유물받침대, 벽화, 2단에 1쌍의 석인상 | 태조 현릉, 온혜릉, 명릉군1릉, 서구릉, 소릉군5릉, 혜종 순릉, 정종 안릉, 광종 헌릉, 경종 영릉, 동구릉 |
| 제2기 | 11세기 초반 – 13세기 전반 | 3단 | 평천장, 판석조립관대, 2단에 1쌍의 석인상 | 현종 선릉, 선릉군2릉, 덕종 숙릉, 정종 주릉, 용흥동1릉, 성종 강릉, 문종 경릉, 순종 성릉, 고읍리2릉, 예종 유릉, 고릉동릉, 신종 양릉, 냉정동1릉, 명종 지릉, 고읍리1릉, 경릉동2릉, 소릉군 3릉, 희종 석릉, 고종 홍릉, 가릉 |
| | | | 석주형석재조립관대, 2단에 2쌍의 석인상, 일부 망주석 존재 | |
| 제3기 | 13세기 후반 – 14세기 후반 | 4단 | 평천장, 석주형석재조립관대, 2단과 3단에 각 1쌍의 석인상, 망주석 | 원종 소릉, 소릉군2릉, 제국대장공주 고릉, 충렬왕 경릉, 명릉군2릉, 칠릉군2릉, 칠릉군 2릉~5릉, 명릉군 3릉, 소릉군4릉 |
| 제4기 | 14세기 후반 | 4단 | 평천장, 일부 관대 없음, 복두공복형 문인석, 일부 쌍릉, 망주석 | 충정왕 총릉, 현·정릉, 칠릉군6릉, 칠릉군7릉, 공양왕 고릉(?) |

다만 여전히 능주를 정확히 판단할 수 없는 왕릉이 여러 개이고, 현종 선릉과 충목왕 명릉처럼 위치를 잘못 비정했을 가능성이 있는 왕릉도 있어 아직은 여러 가능성을 염두에 둔 추정에 불과하다.

# 3

# 조선과 북녘에서 '특별대우' 받은 고려 태조의 현릉(顯陵)

## 고려 태조가 잠든 무덤 속에 들어가다

# 태조 왕건왕릉에
# 들어가는
# 특별한 경험

고려의 궁궐이 있던 만월대를 출발해 북안동거리를 거쳐 남대문에 도착했다. 고려 때 주요 관청이 있던 황성의 동문인 광화문부터 내성의 남대문에 이르는 이 거리는 남대가(南大街)라고 불리는 개경의 번화가였다.

버스가 남대문 사거리에서 우회전하자 개성학생소년궁전이 나오고 얼마 지나지 않아 송도사범대학 정문이 나왔다. 이 대학의 역사학부는 개성의 유적발굴과 연구에서 중심역할을 맡고 있다. 태평관터(현재 개성공산대학)와 개성역을 거쳐 오른쪽으로 야미산을 끼고 돌자 도로 위로 평양-개성 간 고속도로가 지나가는 지점이 나왔다.

이곳이 개성 나성의 서쪽 정문인 선의문(오정문)이 있던 자리다. 고려 때 국왕과 사신의 행차에 이용되던 중요한 성문이었다. 현재는 오정문 터 밑으로 경의선 철도가 지나는 터널이 뚫려 있다.

오정문터를 지나 800m쯤 가면 고려를 찾은 외국사신이 묵었던 영빈관 자리가 나온다. 그곳을 직각으로 꺾어 1.2km 정도 달린 후 서쪽으로 700m 가로수 길을 지나자 고려를 건국한 태조 왕건의 현릉(顯陵) 입구에 도착했다.

한적한 거리라서 그런지 만월대에서 왕건왕릉까지 15분밖에 걸리지 않았다. 고려 국왕들이 가마를 타고 이곳까지 참배하러 올 때는 얼마나 걸렸을까?

왕건왕릉은 현재 행정구역상으로 만월대 서쪽인 개성시 해선리 만수산

개성시 해선리 만수산 남쪽 기슭에 있는 고려 태조 현릉(顯陵)의 전경. 평양-개성 고속도로 서쪽에 인접해 있다. 현릉이 자리잡은 고려 도성 서쪽에는 현종 선릉, 충목왕의 명릉, 공민왕릉, 무덤의 주인공을 알 수 없는 서구릉, 칠릉군 등 가장 많은 왕릉이 분포돼 있다.

태조 현릉의 정자각 안에는 북한이 1990년대 초에 그린 왕건의 진영과 생애도가 전시돼 있다. 왕건의 진영은 1918년에 재판된 왕씨 족보에 그려진 화상을 토대로 그린 것이다.

태조 현릉의 전경. 1994년 개건되기 전의 원형은 찾아보기 어렵게 됐다. 원래 봉분의 직경은 11.56m, 높이 6.25m였지만 현재는 직경이 19m, 높이 8m로 커졌고, 고려 후기 왕릉 양식에 따라 4단으로 분리해 석수와 망주석, 문인상, 무인상을 모두 새로 배치했다.

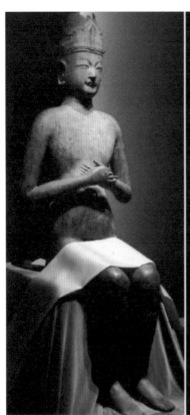

왕건왕릉 북쪽에서 발견된 '왕건 청동상'

1993년 개건되기 이전 왕건왕릉의 모습.

남쪽 기슭에 있다. 20년 전인 2003년 2월 23일 처음 왕건왕릉을 찾았을 때는 이미 대대적인 개건 작업을 마친 뒤였다. 북한은 왕건왕릉을 발굴한 후 1994년 원형과 다르게 고려 후기 공민왕릉의 양식과 유사하게 새로 단장했다.

능호가 현릉인 왕건왕릉은 태조가 죽은 943년 5월에 만들어졌으며, 첫째 왕후인 신혜왕후 유 씨와 함께 묻힌 합장묘다. 주차장에 내리면 왕릉 입구에 자주색 기와를 덮은 커다란 삼문이 서 있다. 고려 때에는 없던 것이다.

삼문 앞 동쪽에는 1993년 김일성 주석이 쓴 '고려태조왕건왕릉개건비'가 세워져 있고, 정면에 커다란 규모의 왕건왕릉이 보인다. 삼문에서 봉분까지에 이르는 완만한 비탈길에는 돌을 깔고, 그 좌우에는 정자각과 비각을 새로 세웠다.

서쪽의 정자각 안벽에는 왕건 화상(畵像, 초상화)을 비롯해 왕건 생애도가 전시돼 있다. 아쉽게도 이 화상은 당대의 진본이 아니며, 1918년에 재판한 왕 씨 족보에 그려진 화상을 토대로 새로 그린 것이다. 고려 때도 왕의 진영(眞影)이 그려져 사찰 등에 봉안되어 있었지만 현재 원본이 남아 있는 것은 하나도 없다.

동쪽에 나란히 서 있는 비각에는 신도비(神道碑· 임금이나 종2품 이상의 벼슬아치의 무덤 동남쪽의 큰길가에 세운 석비)와 개수기실비가 들어 있다. 비석은 1867년 현릉을 중수하고 세운 것이고, 비각은 개건할 때 새로 지었다.

현재의 왕건왕릉은 잘 다듬어진 봉분을 비롯한 병풍석, 난간석, 혼유석(상석), 석등, 4마리의 돌 호랑이, 문무석과 무인석을 갖추고 있는데, 모두 새로 만든 것이어서 옛 사진에서 보던 자취는 찾을 수 없다.

사진을 찍고 돌아서려는데 뜻밖에도 무덤 안으로 들어가 보자고 한다.

고려 태조 현릉의 서쪽에는 무덤칸(묘실)으로 들어가는 돌문(왼쪽 사진)이 있고, 돌문 앞에는 조선 시대 때 세워진 '고려 시조 현릉' 비가 옮겨져 있다. 태조 현릉의 묘실로 들어가는 통로의 좌우에는 원래 왕건릉의 봉분을 둘러싸고 있던 병풍석을 옮겨 전시해 놓았다. 고려 태조 현릉의 무덤칸(묘실) 중앙 유리벽 안에 전시된 관대(위)와 고려청자, 벽화.

능의 서쪽에 무덤칸(묘실)으로 들어가는 문이 있었다. 석문 앞에는 '고려 시조현릉(高麗始祖顯陵)'이라고 쓴 능비가 옮겨져 있었다.

무덤칸으로 들어가는 안길 양쪽 벽에 원래 왕건왕릉의 봉분을 둘러싸 고 있던 병풍석이 전시돼 있다. 북한이 왕건왕릉을 개건하면서 병풍석을 새로 만들고, 진품은 이곳에 옮겨놓았다. 안길 왼쪽에 왕건이 사용했다는 고려청자와 벽화 등 일부 출토 유물도 놓여 있다.

무덤칸은 화강암 판석을 이용하여 사방의 벽을 만들었는데 상부는 단

왕건릉 무덤칸 서쪽 벽화

을 두어 1단 고임을 한 뒤 천장돌을 올렸다. 무덤칸 바닥의 중앙에는 관대가 있고, 관대의 좌우로 벽과 맞닿게 설치한 유물받침대(부장대)가 마련되어 있다.

무덤칸의 네 벽면과 천장에는 벽화가 그려져 있었다. 동·서벽의 벽화만이 뚜렷하게 확인될 정도였다. 동벽에는 매화나무, 참대, 청룡의 꼬리 부분이 남아 있으며, 서벽에는 소나무(老松圖), 매화나무가 벽면 전체에 그려져 있으며 백호의 모습도 비교적 선명하게 보였다.

북벽은 훼손이 심해 정확한 형태를 확인할 수는 없으나 현무도가 그려졌을 것으로 추정되며 천장에는 별자리 그림이 그려졌다고 하는데 잘 보이지 않았다.

소나무·대나무·매화그림이 정교하게 그려진 이 벽화는 최고의 문인화로 평가된다. 왕건왕릉이 몇 차례 이장됐기 때문에 벽화가 언제 그려졌는지 정확히 알 수 없다. 북측 해설 강사는 벽화에 네 차례 덧칠한 흔적이

고려 태조 현릉에 있던 석물들. 1994년 북한은 태조 현릉을 개건하면서, 원래 무덤의 병풍석
은 무덤칸 안으로 옮겼고, 무덤 주위에 있던 장명등, 석수, 석인상 등은 묘역 한 쪽에 모아 놓
았다.

있다고 설명했다. 무덤 훼손이 걱정됐지만 아주 특별한 경험이었다.

## 2013년 세계문화유산 지정 뒤 새로 정비

그로부터 20년이 흐른 2013년 개성역사지구가 유네스코 세계문화유
산으로 지정되면서 왕건왕릉도 여기에 포함됐다. 최근 입수된 사진을 보
면 북한은 삼문 앞에 세계문화유산 표석을 세우고, 봉분 뒤쪽주변에 곡장
(曲墻)을 새로 조성했으며, 묘역 왼쪽에 있는 나무를 천연기념물로 지정
해 표지석을 새로 세워놓은 것을 확인할 수 있다.

왕건왕릉은 외적의 침입으로 몇 차례 이장의 아픔을 겪었다. 1018
년(현종 9) 거란이 침입하자 현릉은 부아산 향림사로 잠시 옮겨졌으며,
1217년(고종 4)에 거란 유족이 국경을 침입하자 다시 태조의 재궁(시신)
은 봉은사로 옮겨졌다. 또한 1232년(고종 19) 고려가 강화로 천도하면서

왕건왕릉의 경우 원형은 3단 구조인데, 1990년대에 개건될 때 고려 후기 양식인 4단 구조로 변형됐고, 2단과 3단에 각각 4쌍의 문인석과 무인석을 세웠다.

현릉도 강화로 이장되었으며, 환도한 1270년 임시로 이판동에 옮겼다가 1276년(충렬왕 2) 제자리를 찾게 되었다.

왕의 시신을 안전한 곳으로 옮겼다가 다시 동일한 능에 안장했기 때문에 왕건왕릉에서 나온 부장품들 가운데는 태조가 생존해 있던 고려 초기의 제품들과 함께 13세기의 도자기류가 포함되어 있다.

특히 왕건왕릉은 고려와 조선시기 여러 차례 보수됐지만 무덤 축조 당시의 상태가 거의 그대로 남아 있어 고려 초기 왕릉 제도와 묘제 변천을 파악하는데 중요한 자료로 활용돼 왔다.

왕건왕릉은 산 능선의 경사면에 남북으로 길게 놓여 있다. 개건되기 전 무덤구역은 화강암축대로 3개의 구획으로 구분되어 있었다. 제일 위 부분인 1단에는 중심부에 봉분(무덤무지)이 배치되고, 봉분 밑 부분에는 12각형의 병풍석이 돌려지고, 그 둘레에 돌난간이 설치되어 있었다. 봉분의 크기는 지름 12.8m, 높이 4.4m쯤 됐다.

병풍석의 매 면을 이루는 면돌(면석)의 중심부에는 12지신이 새겨져 있다. 12지신은 1년 12달, 하루 24시간을 맡아 다스린다는 12마리의 짐승을 신성화 하여 만든 것으로, 이를 병풍석에 새겨 놓은 것은 12지신의 보호를 받으려는 당시 사람들의 신앙관념을 반영한다. 12지신은 쥐, 소, 범, 토끼, 용, 뱀, 말, 양, 원숭이, 닭, 개, 돼지이다. 12지신상은 해당 짐승머리에 사람의 몸체가 결합된 모습으로 형상되어 있다.

돌난간 밖에는 석호(돌범), 상석, 망주석 등이 설치됐다. 1단의 남쪽에는 동서길이 11m, 높이 0.3m로 쌓은 화강암축대가 있었다. 축대의 가운데에는 1단과 2단을 오르내릴 수 있도록 계단이 설치되어 있었다.

2단에는 석등과 문인석 1쌍이 동서에 배치되어 있었다. 좌우로 마주보고 서 있는 문인석은 모두 문관복 차림에 두 손으로 홀을 받쳐 들고 서 있는 모습으로 형상됐다.

1993년 왕건왕릉을 개건하면서 세운 개건비와 조선 고종 4년(1867)에 왕건왕릉을 중수할 때 세운 신도비

　2단과 3단 사이에도 역시 축대와 계단이 설치되어 있었고, 3단에는 정자각(제당)이 세워져 있었다. 정자각은 정면 3칸, 측면 3칸으로 구성되어 있다. 고려 때 다른 왕릉들의 정자각들도 남아 있는 주춧돌로 추정해 볼 때 이와 유사한 구조였다.

　내부구조를 보면 왕건왕릉은 무덤칸이 반지하에 만들어진 외칸 석실흙무덤(돌칸흙무덤)이다. 무덤칸은 화강암판돌을 세워 마련했는데 동, 서, 북벽은 매 벽에 장방형의 큰 화강암판돌을 세우고, 겉면에 회죽을 두텁게

발랐다. 세 벽의 높이는 모두 1.7m이다. 남쪽에는 벽체를 두지 않고 화강암판돌을 세워 벽체 겸 문기둥돌로 삼았다.

천장은 한 단의 평행고임돌 위에 판돌을 덮은 평행고임식천장 구조이다. 무덤칸의 남북 길이는 3.43m이고, 동서 너비는 3.1(북)-3.28(남)m이며, 높이는 2.16m였다.

무덤칸 바닥에는 관대, 유물받침대, 촛대받침돌 등이 놓였다. 관대는 한 장의 화강암 통돌(장대석)로 되어 있다. 관대의 크기는 길이 2.8m, 너비 0.8m, 높이 0.42m이다. 이러한 왕건릉의 외부와 내부 구조는 몽골의 침입이 있기 전인 12세기까지 왕릉의 기본골격이 되었다.

물론 봉분과 관대의 크기 등은 시기별로 다르게 나타나고 있다. 무덤칸의 천장을 만드는 방식도 평행고임식에서 평천장 등으로 변화되는 양상을 보인다. 예를 들어 5대 경종의 영릉은 통돌관대와 유물받침대가 설치됐지만 천장은 평행고임식이 아니라 평천장으로 변형됐다.

특히 13세기 무렵부터는 외부구조가 3단에서 4단으로 구획되어 외형적으로 큰 변화를 보였다. 2단에 세운 문인석도 2개에서 4개로 늘었다가 3단에서 4단 구조로 바뀌면서 2단에 2개, 3단에 2개를 배치하는 방식으로 변화됐다. 공민왕릉에는 동서에 4쌍씩 모두 8개의 문인석과 무인석이 세워졌다.

왕건왕릉의 경우 원형은 3단 구조인데, 1990년대에 개건될 때 고려 후기 양식인 4단 구조로 변형됐고, 2단과 3단에 각각 4쌍의 문인석과 무인석을 세웠다.

다른 고려왕릉과 마찬가지로 왕건왕릉도 조선 시대에 관리가 썩 잘 된 편은 아니었다. 조선 성종 때 유학자인 유호인(兪好仁, 1445~1494년)은 성종 8년(1477년)에 개성을 다녀온 후 기행문인 유송도록(遊松都錄)을 남겼다. 여기에 당시 왕건왕릉의 모습을 묘사한 대목이 나온다.

"우리는 갈 길을 재촉하여 저물녘에 보현원에 도착하였다. 보현원 서쪽으로 돌아서 파지동(巴只洞)에 들어가서 고려 시대 왕릉의 소재를 물었다. 촌 할머니 한 분이 저쪽에 있는 산모퉁이를 가리킨다. 과연 그쪽에 조그만 구릉(丘陵)이 우거진 잡초 사이로 바라보인다. 그 곁에 한 자쯤 되는 비석이 하나 서 있고 거기에는 고려 시조 현릉(顯陵)이라고 표시되어 있었다. 그 앞의 석상(石牀) 밑에는 풀들이 이리저리 누워 있는 것으로 보아 누군가 치성 드린 흔적이 있었다."

이 기행문을 통해 조선 성종 때 2명의 능지기가 있었고, 세시(歲時, 명절)와 복납(伏臘, 삼복 날과 섣달그믐)에는 짐승을 잡고 술을 장만하여 제사를 지냈다는 사실이 확인된다.

현릉은 1906년 도굴꾼에 의해 파헤쳐진 적이 있으며, 6·25전쟁 중에도 파괴되었다가 1954년에 복구됐다. 1910년대 일제가 찍은 사진이나 전쟁 후 복구된 현릉은 거의 비슷한 모습을 보여준다.

그러나 현재의 왕건릉은 1992년 발굴조사 후 공민왕릉의 조각수법 등을 본 따 4단 구조로 새로 조성하면서 전혀 다른 모습이 됐다.

그나마 다행이라고 해야 할까? 2003년 처음 왕건왕릉을 방문했을 때 보지 못했던 원형 난간석, 장명등, 문인석 등의 석물들을 삼문 왼쪽에 전시해 놓은 것이 사진으로 확인된다.

원래 왕건릉 묘역에 있던 이 석인, 석수, 난간석 등은 왕건릉을 개건할 때 고려박물관으로 옮겨놓았는데, 최근에 이곳으로 옮겨 놓은 것으로 보인다.

## 왕건, 미완의 민족 통합 최종 해결

고려 태조 왕건은 후삼국의 혼란을 평정하고 통일국가 고려를 건국한 인물이다. 877년 송악군의 사찬인 왕융(王隆)의 아들로 태어나 한반도 중부지역을 석권한 궁예(弓裔)의 부하가 되어 서해안 일대를 비롯하여 경상남도까지 공략하는 등 수많은 전공을 세웠다.

이후 시중의 지위에까지 오르게 되나 궁예의 폭정과 위협에 반기를 들어 휘하 장수인 홍유, 배현경, 신숭겸, 복지겸 등의 추대를 받아 918년 6월 태봉국의 수도 철원에서 궁예를 축출하고 왕위에 올라 국호를 '고려'로 정하였다.

다음 해인 919년에는 수도를 자신의 근거지가 있는 지금의 개성인 송악으로 옮겼으며 궁성을 송악산 아래에 정했다. 이후 왕건은 신라를 포용하는 정책을 통해 935년에는 신라를 흡수하였으며 936년에는 후백제를 멸망시켜 '삼한통일'이라는 위업을 달성하였다. 또한 고구려를 계승한 발해가 936년 거란에게 멸망하자 태자 대광현을 비롯한 10만에 달하는 발해의 유민을 포용하여 통일신라 혹은 남북국시대로 불렸던 미완의 민족통합을 최종적으로 해결하였다.

하지만 후삼국의 혼란을 평정한 고려에는 고구려의 옛 고토를 회복할 만한 여력은 남아있지 않았다. 이로 인해 한반도 전체가 고려의 영역으로 통일되지 못한 아쉬움을 남겼다.

왕건은 후삼국 통일을 이룬 후 7년을 더 살다가 사망하였다(943년). 후대에 벌어진 거란과의 전쟁에서 개경이 점령되면서 국초의 기록이 상당수 사라져, 통일 후 7년 동안 있었던 일에 대해서는 기록이 거의 없다.

왕건은 즉위 이후부터 민생을 안정시키고 국가의 기틀을 잡기 위해 큰 노력을 기울였다. 그는 후대의 왕들을 위해 '훈요십조(訓要十條)'를 남겨 통치의 주요 방향을 제시했다. 왕건이 내린 여러 가르침은 '태조의 유훈

왕건왕릉을 방문한 북녘 주민들이 휴대폰으로 촬영하고 있다.

(遺訓)'으로 고려 왕조 내내 존중되었다.

북한은 고려를 '최초의 통일국가'로 규정해 높이 평가하고 있고, 왕건 왕릉을 역사 교양의 거점으로 활용하고 있다. 흥미로운 것은 최근 왕건릉을 찾는 개성 시민들의 달라진 모습이다. 이곳을 찾은 많은 방문객이 해설 강사를 스마트폰으로 촬영하는 모습이 사진으로 확인된다. 북한 전역에 800만 대 이상의 휴대폰이 보급되면서 나타난 새로운 풍속도다.

# 4

## 두 이복동생에게 밀려 단명한
## 고려 2대 혜종의 무덤 순릉(順陵)

### 여러 차례 시도 끝에 마침내 혜종의 무덤을 찾다

# 영통사
# 가는
# 길

개성 남대문 사거리에서 동쪽 길을 따라 가다 '개다리'라고 불린 좌견교(坐犬橋)를 지나 북쪽으로 큰길을 2km 쯤 올라가면 고려 성균관이 나온다. 현재는 고려박물관으로 활용되고 있다.

여기서 800m를 더 가면 송악산과 부흥산 사이를 넘어가는 탄현이 나오고 이 자리에 개성 나성(외성)의 동북쪽 문인 탄현문이 있었다. 지금은 터만 남아 있다.

탄현을 넘어가면 송도저수지가 한 눈에 들어오고, 북쪽으로 4km, 다시 동쪽으로 4km쯤 비포장도로를 달리면 고려 8대 현종 때 창건된 영통사가 나온다. 대국국사 의천이 출가하고 입적한 후에 그의 비가 세워진 유서 깊은 사찰이다.

그러나 영통사는 16세기 무렵 화재로 불타버렸고, 그 후 오랜 동안 폐사지로 남아 있었다. 영통사는 2005년 대한불교천태종과 북한의 협력사업으로 복원돼 몇 차례 남쪽의 관광객에도 공개됐다.

영통사의 가장 북쪽에 있는 승복원은 태조 왕건의 증조부로 전해지는 강충이 살던 암자를 확장해 지은 절이라고 한다. 강충은 후에 이곳에서 송악산 남쪽으로 집을 옮겼다고 한다. 현재 왕건의 조모 원창왕후의 능인 온혜릉이 있는 곳이다. 조선 영조 때 작성된 광여도(廣輿圖)에는 영통사 동쪽에 왕건의 조부 작제건의 고묘(古墓)가 표시되어 있다.

이러한 이야기는 믿기 어렸지만 영통사가 고려 왕실과 깊은 인연이 있

혜종의 순릉(順陵)에서 바라다 본 제당(정자각)터와 송도저수지. 멀리 송악산 줄기가 보인다. 북한은 2019년 개성시 용흥동에 있는 '화곡릉'을 발굴한 후 이 무덤이 고려 2대 혜종의 순릉이라고 확정했다.

었고, 여러 국왕들이 자주 참배했던 대찰이었던 점은 확실하다.

또한 영통사의 동쪽 직선거리 3.5km 지점에 4대 광종의 헌릉(憲陵)이 있고, 남쪽과 남서쪽에는 24대 원종 소릉(韶陵) 외에 능주가 불확실한 7개의 왕릉이 남아 있다.

고려 2대 혜종의 순릉(順陵)도 영통사의 남쪽에 자리잡고 있다. 영통사가 있는 영통골에서 남서쪽으로 내려가면 소릉을 비롯해 '소릉군'이라 불리는 5기의 왕릉이 남아 있고, 남동쪽으로 구불구불 길을 따라 4km 쯤 가면 황진이, 박연폭포와 함께 '송도삼절'로 불리는 조선 시대 유학자 화담(花潭) 서경덕(徐敬德, 1489년~1546년)의 무덤이 나온다.

서경덕의 무덤에서 송도저수지 너머 동쪽으로 오관산에서 뻗어 내린 봉우리가 있는데, 이 능선의 남쪽 경사면에 순릉이 남아 있다. 개성 궁궐에서 걸어서 7~8km 되는 거리다. 지금도 길이 제대로 나 있지 않아 찾기

힘든 곳인데, 이 골짜기를 오르내리면서 어떻게 왕릉을 조성했는지 놀랍기만 하다.

## 소실된 혜종 무덤 찾기

순릉은 고려 2대 군주인 혜종((惠宗·912~945)과 의화왕후의 합장묘다. 고려사(高麗史) 945년(혜종 2년) 음력 9월 15일자 기록에는 "(혜종이) 9월 중광전(重光殿)에서 승하하자 송악산 동쪽 기슭에 장사지내고 능호(陵號)를 순릉이라 하였다"고 기록되어 있다. 후에 혜종의 왕비였던 의화왕후가 죽자 순릉에 합장했다.

문제는 순릉이 있는 "송악산 동쪽 기슭"이 어디냐 하는 점이다. 조선 성종 때 발간된 『동국여지승람』에는 "탄현문(炭峴門) 밖 경덕사(景德寺) 북쪽"에 순릉이 위치하고 있다고 기록되어 있다. 조선 선조 때 기록에 따르면 이때까지 만해도 혜종의 능은 탄현문 밖에 있는 것으로 파악되고 있었다.

그러나 고려 태조의 능에만 비석이 있어서 정확히 알 수 있었고, 나머지 고려왕릉의 능비는 사라진 상태였다. 이마저도 임진왜란과 병자호란을 겪으면서 대다수 고려왕릉은 무덤 주인을 알아 볼 수 없을 지경으로 방치됐고, 혜종릉도 위치를 잃어버렸던 것으로 보인다.

조선 말기에 이르러 고종(高宗)은 고려왕릉의 여러 능침(陵寢)을 보수하고 정비해 75기에 대해 '고려왕릉(高麗王陵)'이라고 쓴 표석을 세웠다. 이때 혜종의 순릉(順陵)은 송악산 동남쪽 자락의 안화사 근처에 있는 것으로 파악됐다.

1916년(대정 5년) 일본 학자 이마니시 류(今西龍)는 혜종의 능이라고 전해지는 무덤을 발굴하고 다음과 같은 내용의 보고서를 남겼다.

"봉분(封墳)에 병풍석(屛風石)이 없고 난간석(欄干石)의 잔석(殘石)이 남아있으며, 다른 석물(石物)은 없다. 능 앞에 정자각(丁字閣)의 초석이 남아있다."

그런데 그는 이 조사보고서에서 '전 혜종 순릉(傳 惠宗 順陵)'으로 표기하여 이 무덤이 순릉이라고 확정하지 않았다. 당시 일본 학자가 추정한 순릉은 일본강점기 때 행정구역상으로 경기도 개성군 송도면 자하동이다. 이곳은 고려 도성(개성성)의 안쪽에 있다. 고려 재위 왕릉이 모두 개성성 밖에 있다는 것과 배치된다.

이러한 의문을 해소하기 위해 북한은 1957년 이 능을 다시 발굴 조사했다. 그리고 '무덤칸도 없는 거짓 무덤'으로 발표했다. 고려왕릉이라면 당연히 돌로 조성된 무덤칸이 발견되어야 하는데 아무 것도 없었다.

이후 북한 고고학계는 개성시 용흥동(일본강점기 때 개풍군 영남면 용흥리) 송도저수지 북쪽에 있는 '화곡릉'을 혜종의 무덤으로 지목했다. 이 능은 그때까지 무덤의 주인이 누구인지 정확히 밝혀지지 않았기 때문에 이곳의 옛 지명인 '화곡'이라는 이름을 붙여 '화곡릉'으로 불려왔다. 화곡릉은 송도저수지 북쪽 기슭의 나지막한 산 능선 중턱에 있다.

일부 학자는 '화곡릉'의 서남쪽에 있는 '동구릉'이 혜종릉이라고 주장하기도 했다. 하지만 1997년 북한 고고학계는 '동구릉'을 발굴했지만 타다 만 자기조각들과 판 못 몇 개만 찾아냈을 뿐 무덤의 주인을 확정할 단서를 찾지 못했다.

그로부터 20여 년이 지난 2019년 북한은 내각 민족유산보호국 산하 조선민족유산보존사와 사회과학원 고고학연구소 주도로 화곡릉을 대대적으로 발굴 조사했다. 발굴 당시 화곡릉은 봉분만 남아 있고, 대부분의 석물은 땅속에 묻혀 있는 상태였다고 한다.

2019년 북한이 발굴을 끝내고 공개한 고려 2대 혜종의 무덤 순릉(順陵) 전경. 3단으로 구성된 전형적인 고려왕릉의 배치 구조가 확인된다.

북한은 발굴 과정에서 '高麗王陵'(고려왕릉)이라고 새긴 비석과 청자 새 김무늬 잔 받침대, 꽃잎무늬 막새기와 용 모양의 치미(지붕 용마루의 두 끝에 설치하는 조각 장식) 조각들을 비롯한 유물들을 찾아냈다. '고려왕 릉'이라고 새긴 비석은 조선 고종 때 세운 것으로 그동안 땅속에 묻혀 있 었다.

발굴 후 북한은 "무덤의 형식과 위치, 유물, 역사 기록자료들을 심의·분석한 결과 오랜 세월 비밀로만 전해오던 화곡릉의 주인이 고려 2대 혜종의 무덤인 순릉이라는 것을 과학적으로 밝혀냈다"라고 발표했다.

## 고려왕릉 중 가장 작은 규모라는 통설 뒤집어

북한 고고학계가 화곡릉 발굴 후 혜종의 순릉으로 확정한 결정적 단서가 무엇인지는 분명하지 않다. 다만 사회과학원 고고학연구소 연구사의 설명에 따르면 두 가지가 판단의 주요 근거인 듯하다.

하나는 지금까지 발굴된 고려왕릉 가운데 무덤칸의 규모가 가장 크고, 무덤칸이 반지하에 만들어진 외칸의 돌칸흙무덤으로 전형적인 고구려의 무덤형식을 띠고 있다는 점이다. 다른 하나는 용 모양의 치미가 고려왕궁 터인 만월대에서 발견된 것과 같다는 점이다.

이러한 근거에 기초해 이 무덤이 고려 건국 초기의 왕릉이라고 확정하고, 문헌상 '송악산 동쪽'에 묻힌 고려 초기 왕인 혜종의 무덤으로 결론을 내린 것이다. 현재의 방위개념으로는 순릉의 위치가 개성 북쪽이라고 할 수 있지만 고려 때는 이곳을 동쪽으로 인식하고 있었다.

영취산 자락에 조성된 건릉과 원릉에 대한 기록이 이를 보여준다. 영통사를 감싸고 있는 오관산을 넘어가면 영취산 남쪽에 현종 때 추존된 안종(현종의 부)의 무릉(武陵)과 헌정왕후의 원릉(元陵)이 남아 있는데 『고려사』에는 이곳의 위치를 "도성의 간방(艮方)"으로 기록했다. 간방은 정동과 정북의 한가운데를 가리키며, 동북쪽을 의미한다.

발굴된 순릉은 남북 63.6m, 동서 20m 범위 안에 총 3개 구획으로 나뉘어 있다. 1단에는 지름 13m, 높이 3m 규모의 봉분과 비석 받침돌이 있었고, 2단에서는 좌우에 각각 1개의 문인석이 땅속에서 발견됐다. 3단에는 제를 지내던 정자각 터가 확인됐고, 많은 주춧돌이 발견됐다. 봉분 주위에서는 난간석들이 일부 발굴됐고, 무덤 구역 전체에 돌담(曲墻)을

2019년 북한이 발굴을 끝내고 공개한 고려 2대 혜종 순릉(順陵)의 봉분 정면 모습(위). 그동안 땅속에 묻혀 있던 고종 시대에 세운 비석을 찾아내 다시 세워 놓았다.

조선 시대 명기 황진이가 사모했다는 유학자 화담 서경덕의 묘. 고려 2대 혜종의 순릉과 송도 저수지를 사이에 두고 동쪽에 위치해 있다.

쌓았던 흔적이 남아 있다.

순릉은 전형적인 고려왕릉의 배치구조를 하고 있다. 다만 다른 고려왕릉과 달리 12지신을 새긴 병풍석이 없고, 둥근 모양으로 다듬어진 화강석을 둘러놓은 원형의 기단이 확인됐다. 무덤칸은 크기가 길이 4m, 너비 3.4m, 높이 2.2m로, 묘실 안 중앙에 관대가 마련돼 있고, 그 옆에 좌우로 유물받침대가 있다. 왕건왕릉과 마찬가지로 촛불받침대도 배치됐다. 벽화는 확인되지 않았다.

## 재위 2년 만에 단명한 혜종

혜종은 태조 왕건의 장남이다. 어머니는 나주(羅州) 지역의 호족이었던 다련군(多憐君)의 딸인 장화왕후(莊和王后) 오씨(吳氏)이다. 두 사람은 왕건이 아직 궁예(弓裔) 휘하의 장수로 활약하던 때에 만나 인연을 맺었고,

고려 혜종의 무덤인 순릉 내부 무덤칸 전경. 혜종과 왕비 의화왕후가 합장되어 안장돼 있었다.
북한 학계는 순릉의 내부를 조사한 후 "무덤칸 규모가 길이 4m, 너비 3.4m, 높이 2.2m로 지금
까지 발굴된 고려왕릉들 가운데서 제일 크다"고 평가했다.

912년에 아들 왕무(王武)를 낳았다. 여러 호족과 '정략결혼'을 통해 통합
을 모색한 태조 왕건에게는 20명이 넘는 아들이 있었다. 사후에 왕자 간
권력투쟁을 우려한 태조는 이른 시기에 장자를 후계자로 책봉했다.

> "혜종이 태어나 일곱 살이 되었을 때 태조가 그를 후계자로 세우
> 고자 하였으나, 그의 어머니 오씨(吳氏)가 미약한 가문 출신이어
> 서 옹립 못할까 우려한 나머지(其母吳氏側微恐不得立), 오래된 상
> 자에 자황포(柘黃袍)를 담아서 오씨에게 내려주었다. 오씨가 옷을
> 박술희에게 보이자 박술희가 태조의 의도를 짐작하고서 혜종을 세
> 워 정윤(正胤)으로 삼기를 주청하였으니, 정윤은 바로 태자이다."
> (『고려사』 권92열전5전5, 박술희)

혜종은 태조를 도와 후삼국의 통일에 큰 공을 세웠지만 재위 기간 호족 세력에 눌려 왕권이 크게 약화됐다. 특히 혜종은 공신이자 장인인 왕규 (王規)의 시해 음모에서 간신히 벗어났지만, 지방 호족 세력 및 이복형제 들의 도던을 제압할 만한 독자세력 기반이 없어 항상 신변에 위협을 느끼 다 재위 2년 만에 병으로 죽었다.

고려사에는 "혜종은 민(民)에게 공덕(功德)"이 있었다고 기록했으나 아 주 적은 양만 남아 있는 고려 초기의 기록을 통해 볼 때 혜종에게 어떤 공 덕이 있었는지 확인하기 어렵다.

기록에 담긴 그의 삶은 왕위 계승 분쟁에 시달리다가 요절한 비운의 군 주일 뿐이다. 이복동생인 광종 때 혜종의 외아들이 정치적 사건과 연루되 어 처형됐다는 기록이 보여주듯, 혜종은 당시의 혼란한 정국 속에서 평온 하게 일생을 마치지는 못한 듯하다.

혜종의 모후인 장화왕후의 묘는 능호가 전해지지 않고 있는데, 시기상 소릉군 제5릉일 가능성이 있다.

# 5

# 서경(西京) 천도 시도하다
# 좌절한 정종의 안릉(安陵)

### '닮은 꼴' 조선·고려 정종, 왕릉 보존 상태는 판이

# 용수산
# 남쪽 기슭에
# 위치

개성 남대문 사거리에서 남쪽으로 난 큰길을 따라 가면 용수산을 넘어 서울로 가는 고개가 나온다. 성남동 삼성재다. 개성 나성의 가장 남쪽에 위치한 마을이라 하여 성남동이라는 이름이 붙었고, 나성의 성벽과 고남 문 옹성벽, 비전문 옹성벽 등 세 개의 성벽이 겹쳐진다고 해서 삼성재라 고 한다.

재는 길이 나 있는 높은 산의 고개를 의미하며, 이동 수단으로 도보나 우마에 의지하던 시대에는 인접 지역과의 교통에서 중요한 위치를 차지 했다.

지금은 터만 남아 있지만 이 고개의 서쪽에 나성의 남소문(선계문)이, 동쪽에 회빈문이 있었다. 『세종실록』 지리지에는 "(개성 나성에) 대문 넷 이 있는데 동쪽은 숭인(崇仁)이라 하고 남쪽은 회빈(會賓)이라 하며, 서쪽 은 선의(宣義)라고 하고, 동남쪽은 보정(保定)이라 하였다"라고 기록되어 있다.

회빈문은 후에 고남문(古南門)이라고 불렸다. 현재도 동서로 쌓은 개 성 나성의 토성 유적이 뚜렷이 남아 있다. 이 문을 통과하면 개성시 고남 리가 나오고, 서쪽으로 얼마 떨어지지 않은 용수산 남쪽 능선에 고려 3대 정종(定宗)의 왕릉인 안릉(安陵)이 자리잡고 있다.

정종은 태조 왕건의 셋째 아들이자 혜종의 이복동생으로, 혜종이 945 년 사망하자 그해 9월에 왕위에 올랐다. 이름은 왕요(王堯)이다. 그러나

옛 개성성 고남문 밖 고려왕릉 위치도

정종 안릉의 봉분과 석조물들

그는 949년 재위 4년 만에 동생 왕소(王昭)에게 왕위를 물려주고, 제석원(帝釋院)으로 옮겼다가 27세의 젊은 나이로 세상을 떠났다. 그의 든든한 지원자였던 왕식렴(王式廉, 태조의 사촌 동생)이 사망한 직후의 일이었다. 일부 역사가들은 이 두 사건을 연결해 정종의 사망에 기록되지 않은 흑막이 있었던 것으로 추정하기도 한다.

고려는 태조릉을 도성의 서쪽에, 2대 혜종릉은 동쪽에 조성했고, 3대 정종은 도성의 남쪽에 안장했다. 이곳에서 서쪽으로 언덕 하나를 넘으면 20대 신종의 무덤인 양릉(陽陵)이 있다.

북한은 안릉을 보존유적 552호로 지정해 관리하고 있지만 1910년 안릉 사진과 비교해 보면 묘역 주변의 나무들이 거의 다 베어졌고, 바로 옆까지 옥수수 밭으로 개간돼 관리가 제대로 되지 않고 있음을 알 수 있다. 고종 때 세운 능비도 사라졌다.

또한 1995년 보수공사를 진행하면서 봉분을 세우고, 두리뭉실하게 병풍석을 둘러쳤다. 이 때문에 원래 있던 12각 병풍석의 모습을 알 수 없게 됐다.

안릉의 묘역은 3단으로 직선거리는 31.5m이다. 1단은 한 변의 길이가 20m인 정방형이며, 거기에 봉분과 병풍석시설, 돌난간, 석수 등이 모여 있다. 2단은 1단보다 높이가 30cm 낮으며 크기도 길이 17m, 너비 6.5m로 1단에 비해 좁다. 3단은 길이 17m, 너비 5m이며 2단보다 20cm 낮다.

오랜 세월 자연적인 피해와 인위적인 파괴로 1단과 2단만 석축이 일부 남아 있을 뿐이고, 정자각의 흔적은 완전히 사라졌다. 불행 중 다행으로 1910년대에 촬영된 사진과 최근 사진을 비교하면 조선 고종 때 세운 왕릉 표식비가 없어진 것 외에는 크게 달라지지 않은 모습이다.

## 도굴되고 훼손된 무덤칸

1978년 북한 사회과학원 고고학연구소가 안릉 무덤칸을 발굴 조사한 결과에 따르면 무덤칸은 반지하에 있고, 봉분과 일직선으로 놓여 있다. 무덤칸의 크기는 남북 길이 347cm, 동서 길이 343cm, 높이 240cm이다.

무덤칸의 평면은 사각형이고 방향은 동쪽으로 약간 치우쳐 있다. 동, 서, 북쪽의 세 벽은 돌로 쌓고 회미장(석고로 벽을 마감)을 했으며 남벽에는 문틀을 겸하는 2개의 큰 판돌을 세웠다. 천장은 한 단의 평행고임 위에 3장의 판돌을 동서로 올려 놓았다.

무덤칸의 중심에는 한 장의 화강암을 잘 다듬어 만든 통돌관대가 놓였다. 그 위에서 정종의 것으로 추정되는 두개골 조각이 일부 발견됐다. 관대 동서에는 유물받침대가 설치됐다.

발굴 과정에서 고려자기와 금동자물쇠, 은 장식품, 청동제품, 철제품 등이 출토되었다. 그 중 청자꽃모양 바리와 청자 잔대는 고려청자 초기작품의 수준을 엿볼 수 있다. 여러 차례 도굴을 당해 중요 유물은 없었지만 무덤칸 바닥에서 금은 부스러기 등이 나왔다고 한다.

주목할 것은 고구려 벽화의 전통을 계승한 것으로 평가되는 무덤칸의 벽화다. 현재 알아볼 수 있는 것은 동쪽 벽의 풍경화와 남쪽 벽의 건물 그림, 천장의 별 그림이다. 동쪽 벽에는 푸른 왕대와 꽃나무 등이 실감나게 그려져 있고, 천장의 별 그림은 붉은색으로 둥글게 그렸다. 별과 별 사이는 굵은 선으로 연결해 별자리를 표시하였다. 원래 28수의 별자리를 그렸을 것으로 추정되지만 현재 알아볼 수 있는 것은 여섯 개의 별뿐이라고 한다. 이런 별 그림은 고구려 무덤 벽화에서도 확인된다.

## 서경 천도 시도하다 단명(短命)

'시무 28조'를 고려 성종에게 바쳐 정치 개혁을 이룩한 최승로(崔承老)

개성시 고남리 용수산 남쪽에 있는 정종의 안릉 뒤쪽 전경. 안릉 주변이 옥수수밭으로 변해 있고, 언덕 너머로 고남협동농장의 살림집들이 보인다.

의 회고에 따르면, 정종은 즉위 초반에 밤낮으로 좋은 정치를 위해 노력하여 밤에 촛불을 켜고 신하들을 부르기도 하고, 식사 시간을 미루어 가며 정무를 처리했다. 정종이란 묘호(廟號)가 '백성을 편안하게 하고 크게 염려하였다'라는 의미를 담고 있다.

그러나 고려 3대 정종은 조선의 2대 왕으로 같은 묘호를 받은 정종과 마찬가지로 왕권이 약하고, 친동생의 위협을 끊임없이 받는 상황에서 여러 측면에서 닮은 꼴 행보를 보였다. 우선 두 왕은 모두 왕권 강화를 위해 천도(遷都)를 시도했다. 고려 정종은 개경의 왕족과 호족을 견제하고, 불안한 정국을 타개하기 위해 강력한 지지 세력인 왕식렴의 근거지인 서경(평양)으로 천도하려 했다.

고려 3대 정종의 안릉 앞에 남아 있는 석수(오른쪽)와 봉분 주변의 난간 석주, 조선 후기에 세운 표식비 받침돌. 1910년대까지 왕릉임을 알려주는 비석이 세워져 있었지만, 현재 비는 없어졌다.

이에 관해 『고려사(高麗史)』에서는 정종이 도참(圖讖)을 믿어 서경으로 천도하려 했다고만 서술했다. 정종의 서경 천도 준비는 많은 노역 수요를 발생시키고 개경 주민을 서경으로 이주시켜야 하는 등의 부담 때문에 반대가 컸고, 결국 정종이 일찍 사망하면서 서경 천도는 중단됐다.

우연의 일치겠지만 조선 2대 정종도 왕권 강화를 위해 고려의 도읍지인 개경으로 천도했으나 사망 후 다시 한양으로 도읍지가 옮겨졌다. 또한 두 왕은 모두 재위 중에 동생에게 양위(讓位)했다. 고려 정종은 재위 4년 만에 동생 왕소에게, 조선 정종은 재위 2년 만에 동생 이방원(李芳遠)에게 왕위를 넘긴 것이다. 두 왕은 묘호가 같아서인지 능도 가까운 거리에 있다.

조선 2대 정종과 정비 정안왕후의 무덤인 후릉 전경. 후릉은 고려 정종의 무덤인 안릉의 남쪽 개성시 판문구역 영정리 백마산 능선에 자리잡고 있고, 정자각은 사라졌지만 혼유석, 장명등, 석수 등이 거의 원형 형태로 보존돼 있다.

현재 조선의 왕 중 유일하게 정종의 후릉(厚陵)이 휴전선 너머 개성지역에 조성돼 있다. 정종 안릉에서 직선거리로 약 13km 남쪽에 자리잡고 있다. 다만 후릉은 퇴락한 안릉과는 비교할 수 없을 정도로 잘 보존돼 있다.

실권이 거의 없어 '허수아비 왕'이라고 불린 조선 정종과 달리 고려 정종은 훗날 최승로로부터 "태조로부터 지금까지 38년간 왕위가 끊어지지

않았던 것은 역시 정종의 힘이었습니다"란 높은 평가를 받았다.

그러나 왕권 강화책으로 천도를 무리하게 추진한 것이 단명하게 된 화근이 됐다. 명분과 취지가 훌륭해도 지지를 받지 못한 정책은 성공하지 못한다는 건 변함없는 역사의 진리인 모양이다.

# 6

# 왕권 강화에 성공한
# 광종의 헌릉(憲陵)

박연폭포만 찾고 헌릉은 존재조차 몰라

# 박연폭포
# 가는
# 길

개성 시내를 서쪽으로 빠져나와 개성-평양 간 고속도로를 타고 10km 쯤 올라가다 오른쪽으로 2.5km 정도 더 가면 오른쪽으로 고려 24대 원종의 소릉(韶陵)이 있는 마을로 넘어가는 길이 나온다. 여기서 500m 정도 가면 천마산에서 뻗어 내린 산줄기 기슭에 고려 4대 광종(光宗)의 무덤이 자리잡고 있다. 현재 행정구역상으로는 개성시 삼거리동이다.

광종은 925년(태조 8) 태조 왕건의 아들로 태어나 949년 왕위에 오르고, 975년 재위 26년 만에 51세로 죽어 송악산 북쪽 기슭에 묻혔다. 고려 3대 정종의 친동생으로 이름은 왕소(王昭)이고, 능호는 헌릉(憲陵)이다. 풍수지리설에 따라 태조는 도성 서쪽에, 혜종은 동쪽에, 정종은 남쪽에, 광종은 북쪽에 안장된 것이다.

헌릉에서 포장길을 따라 동북쪽으로 13km 정도 가면 송도삼절(松都三絶)의 하나인 박연폭포가 나오고, 박연폭포 남쪽에 광종 21년(970년)에 법인국사 탄문스님이 창건한 관음사가 자리잡고 있다.

사실 북쪽 사람들도 박연폭포나 관음사를 찾지 가까운 곳에 헌릉이 있다는 사실은 잘 모른다. 2007년부터 개성 관광이 시작됐을 때도 박연폭포와 관음사만 관광 코스에 포함됐지 헌릉은 관심 대상도 아니었다.

최근 촬영된 헌릉의 모습을 보면 그 이유를 알 것 같다. 헌릉까지 손쉽게 접근할 수 있는 길도 없고, 오랜 기간 방치돼 왕릉이라고 보기에도 민망할 정도다. 고려 31대 공민왕 때까지만 해도 왕이 광종의 헌릉에 배알

고려 4대 광종의 무덤인 헌릉에서 동북쪽으로 13km정도 떨어진 곳에 있는 박연폭포의 전경. 폭포 위가 박연이고, 아래가 고모담이다.

했다는 기록이 남아 있지만 조선 시대에 들어와 제대로 관리가 되지 못한 것이다.

반면 박연폭포는 여전히 즐겨 찾는 명소로 남아 있다. 개성 시내에서 직선거리로 16km 떨어진 천마산 기슭에 있는 박연폭포(높이 37m)는 금강산 비룡폭포(높이 50m), 설악산 대승폭포(높이 88m)와 함께 국내 3대 명폭의 하나다. 폭포 위쪽에 지름 8m의 박연(朴淵)이 있고, 아래쪽에 지름 40m쯤의 고모담이 있다. 박(朴) 씨 성을 가진 진사가 연못 가운데 바

개성시 삼거리동 소재지에서 박연폭포로 가는 길에 있는 고려 4대 광종의 무덤인 헌릉 전경.
왕릉이라고 보기에는 대단히 초라한 상태다.

위에서 피리를 불자, 물속에 살던 용왕의 딸이 반해 용궁으로 데려가 함께 살았다 하여 박연이란 이름이 붙었다.

예로부터 박연폭포의 절경, 유학자 화담 서경덕(徐敬德)의 기품과 절개, 황진이의 절색을 일컬어 '송도삼절'이라 했다. 30년 면벽을 하던 지족암의 선사를 파계시킨 절색 황진이도, 황진이의 유혹을 뿌리친 서경덕도 이 폭포를 자주 찾아 경관을 즐겼다고 한다.

폭포 아래 고모담(姑母潭)에는 '용바위'라 불리는 바위 하나가 솟아 있다. 용바위에는 숱한 한자 이름과 시구들이 새겨져 있는데 크고 유려한 초서체로 중국 이백(李白)의 시 '여산폭포를 바라보며(望廬山瀑布)' 중 '비류직하삼천척 의시은하락구천(飛流直下三千尺 疑是銀河落九天 나는 듯 흘러내려 삼천 척을 떨어지니 하늘에서 은하수가 쏟아져 내리는 듯하구나)'이란 두 구절이 새겨져 있다. 황진이가 머리채에 먹을 적셔 휘둘러 썼다는 전설이 전해온다.

## 일제 강점기 때까지 남아 있던 능비와 석수는 어디로?

박연폭포에서 남쪽으로 1km가량 떨어진 곳에 자리잡은 관음사가 여러 차례 중건돼 잘 보존된 것에 비하면 헌릉의 관리 상태는 대단히 안타깝다. 1910년대에 촬영된 사진과 비교해 봐도 능비뿐만 아니라 많은 석축이 사라지고, 능 구역이 협소화된 것을 확인할 수 있다.

1910년대에 찍은 사진을 보면 능 구역은 3단면으로 이루어져 그 좌·우·후방의 3면에 돌담장(곡장)을 둘렀던 흔적이 있다. 1단은 1.65m 높이의 토류석벽(土留石壁)으로 2단과 구별했고, 여기에 능과 돌난간, 돌짐승(石獸)이 남아 있었다. 높이 70cm의 12각형 병풍석에는 십이지신상이 새겨져 있고, 이 밖에 망주석과 석상(石床)이 남아 있었다.

2단에는 문인석 한 쌍이 좌우에 있고, 3단면에는 조선 고종 때 세운 능비가 있었다. 정자각터에는 주춧돌이 남아 있어 원래 위치를 알려준다.

그러나 2017년에 촬영된 헌릉 사진을 보면 묘역 주변의 울창했던 산림은 훼손됐고, 돌담장의 흔적은 거의 사라졌다. 2단 양쪽에 설치돼 있던 너비 1.8m의 계단도 완전히 없어졌고, 묘비와 문인석도 확인되지 않는다.

북한의 보고서에 보면 4구의 석수가 남아 있다고 했는데, 이제는 그 마저도 사라진 듯하다. 봉분도 높이가 1.36m, 지름이 6.4m로, 제대로 관리가 되지 않았다.

개성시에서도 외진 곳이라 접근성이 떨어지기 때문일까? 고려 왕조의 기틀을 잡은 광종의 무덤 치고는 너무나 초라하기 이를 데 없다.

과거 학계에서는 헌릉의 석물들이 훼손된 데 비해 축대나 초석들은 비교적 잘 보존되어 능 구역의 원형을 보여준다고 평가했지만, 최근 입수된 사진으로 보면 1단과 2단 사이의 축댓돌들은 완전히 사라지고, 정자각터에 있던 돌들을 모아 보수해 놓았다. 원형이 사라진 것이다.

## 평가 엇갈리는 광종의 개혁정치

태조의 뒤를 이은 혜종과 정종 때에는 외척 세력이 개입된 왕위 계승 다툼이 벌어져 왕권이 위협을 받았다. 이러한 상황에서 즉위한 광종은 개혁 정치를 펼쳐 왕권을 강화하려 했다.

광종은 개혁 과정에서 자신의 정책에 반대하는 외척 세력과 공신, 호족 세력들을 과감히 숙청했다. 이에 고려 초기의 공신과 호족 세력은 크게 약화하고 왕권이 강화되었다.

광종은 호족 세력에 의지한 정종의 정치에 분명한 한계가 있음을 통감(痛感)했다. (광종은) 왕권을 강화하기 위해 쌍기 등 중국계 귀화인 관료를 등용 시켜 정치판을 물갈이하려 했다. 또한 과거제를 정비하고 과거 출신

1910년대에 촬영된 고려 4대 광종의 헌릉과 2017년에 촬영된 헌릉의 정면 모습. 봉분의 병풍석과 석축의 달라진 모습이 확인된다.

위에서 바라 본 광종 헌릉의 전경. 석물들이 거의 다 사라지고 몇 개의 난간석만 남아 있다.

자들을 우대하여 유학에 조예에 깊은 인재들의 적극적인 정치 참여를 유도했다.

엄격함과 관대함은 나라를 다스리는 제왕에게 필요한 덕목이고 이를 겸비한 제왕은 흔치 않다. 광종은 그것을 겸비한 군주였다. 광종이 호족 숙청과 과거제 실시로 정치판과 관료 체계를 물갈이한 건 채찍과 같은 엄격한 통치의 일면을 보여준다. 반면에 외국인 관료를 우대한 건 광종의 관대한 통치의 일면을 보여준다.

고려 성종 때 유학자인 최승로(崔承老)도 광종의 초기 정치에 대해서는 높이 평가했다.

헌릉 봉분 앞에 남아 있던 석수

"광종(光宗)은 예로써 아랫사람을 대접하고 사람을 알아보는 데 밝았으며, 친하고 귀한 사람에게 치우치지 않고 항상 호강(豪强)한 자를 누르고 소천(疏賤)한 사람을 버리지 않았으며, 환과(鰥寡) 고독(孤獨)에 은혜를 베풀었습니다. 왕위에 오른 해로부터 8년 만에 정치와 교화가 맑고 공평하며 형벌과 은상(恩賞)이 남발되지 않았습니다."

그러나 당시 지배층 여론은 광종의 외국인 관료 우대 정책이나 호족 세력을 약화하는 노비안검법(奴婢按檢法) 시행에는 초기부터 우호적이지 않

광종 때 창건 된 관음사의 대웅전(오른쪽)과 7층석탑. 대웅전은 국보유적 125호로, 7층석탑은 보존유적 540호로 지정돼 있다. 7층석탑 뒤로 보이는 것이 관음굴이다.

았다.

최승로(崔承老)는 당시의 분위기를 다음과 같이 전했다.

"왕조 건국 당시 공신들은 원래 소유한 노비에다 전쟁에서 얻은 포로 노비와 거래를 통해 얻은 매매 노비를 갖고 있었다. 태조는 포로 노비를 해방하려 했으나 공신들이 동요할까 염려하여 그들의 편의에 맡긴 지 약 60년이 되었다. 광종이 처음으로 공신들의 노비를 조사하여 불법으로 소유한 노비를 가려내자, 공신들은 모두 불만으로 가득 찼다. 대목왕후(大穆王后·광종비)가 광종에게 그만둘 것을 간절히 말해도 듣지 않았다."(『고려사』 권93 최승로 열전)

노비는 호족들에게 토지와 함께 당시 중요한 재산의 일부였다. 그런데 광종은 호족들이 불법으로 취득한 노비는 해방하거나 원래 주인에게 되돌려주겠다고 나선 것이다. 호족의 군사·경제 기반을 약화하려는 조치였다.

광종이 겨냥한 숙청의 주된 표적은 당시 최대 군벌인 서경의 호족 세력이었다. 광종이 960년(광종11) 개경을 황도(皇都), 서경을 서도(西都)라고 이름을 고쳐 정종의 서경 우대 정책을 버리고 개경 중심의 정치를 천명한 것도 그 때문이다.

광종의 왕권 강화 정책이 지속되면서 수많은 호족이 목숨을 잃었다. 최승로는 광종이 "만년에 이르러서는 무고한 사람을 많이 죽였습니다"라며 "어찌하여 처음에는 잘하여 좋은 명예를 얻었는데도 뒤에 잘못하여 이 지경에 이르렀는지 매우 원통한 일입니다"라고 안타까움을 표시하기도 했다.

한편 광종의 왕비인 대목왕후는 능호가 기록되어 있지 않다. 그래서 통상 광종 헌릉에 합장된 것으로 본다. 다만 『고려사』에는 대목왕후의 경우 "광종과 함께 부묘(祔廟)하였다"라고만 기록되어 있을 뿐 혜종비 의화왕후의 사례처럼 합사해 장례 지냈다는 의미의 부장(祔葬)이란 표현이 없다. 부묘는 3년상을 끝낸 뒤에 임금이나 왕비의 신주(神主)를 태묘(조선 시대 종묘)에 모시는 일을 말하며 왕과 왕후의 합장을 의미하지는 않는다.

예를 들어 3대 정종의 왕비인 문공왕후의 경우에는 정종의 "안릉에 장

대흥산성 남문 앞을 지나는 영통사와 박연폭포를 잇는 관광도로. 북한이 2014년 새로 확장한 도로로, 앞으로 개성 관광이 재개되면 이용될 것으로 보인다. 대흥산성은 천마산 능선에 쌓은 10.1km의 산성으로, 박연폭포는 대흥산성 북문 근처에 있다.

사 지냈고, 정종과 함께 부묘했다(葬安陵, 祔定宗廟)"라고 하여 부장과 부묘를 분리해 기록했다. 광종과 대목왕후의 합장 여부를 좀 더 세밀하게 검토해 봐야 하는 것이다.

다만 4대 광종부터 7대 목종까지의 왕후들은 "부묘"란 기록만 남아 있지만 왕후 무덤의 능호가 별도로 기록되어 있지 않다는 점에서 합장 가능성이 크다고 볼 수 있다. 실제로 8대 현종 때부터는 왕후의 능호가 별도로 기록되어 있다. 현종 왕비인 원성태후의 경우에 "명릉에 장사 지냈으며 현종과 함께 부묘했다"라고 기록되어 있다.

북한은 2014년 헌릉 동쪽에 있는 오관산 영통사와 박연폭포 사이를 잇는 관광 도로를 확장해 개통했다. 이제는 개성 관광이 재개되더라도 헌릉 앞길을 지나 박연폭포로 가지 않고, 영통사를 관광하고 바로 산길로 박연폭포에 도달할 수 있게 됐다. 헌릉이 더 쇠락 되지 않을까 우려된다.

# 7

# 부자간 선위(禪位) 못한 경종의
# 영릉(榮陵)과 성종의 강릉(康陵)

### 개성공단 옆 진봉산 자락에 묻힌 사촌지간 왕릉

# 진봉산 자락에 있는
# 두 개의
# 왕릉


  2003년 2월 23일 11시쯤, 개성 시내를 가로질러 남쪽으로 흐르는 사
천강과 평양-개성 고속도로가 교차하는 지점에 버스가 도착했다. 판문까
지는 4km가 채 안 되는 곳이다.

  서쪽으로 이 일대에서 가장 높은 진봉산(310m)이 한눈에 들어온다. 옛
날, 이 산에서 봉황이 살다가 날아갔다는 전설이 전해온다. 진봉산은 산
줄기가 남북으로 길게 뻗어 있다. 휴전선 남쪽 도라산전망대에서도 잘 보
인다.

  당시 개성공단 착공식을 앞두고 진봉산 앞 도로에는 부지 공사를 위해

평양에서 개성을 거쳐 판문까지 이어지는 고속도로. 판문까지 4km라는 표지판이 보인다.

트럭들이 쉼 없이 오가고 있었다. 1년 뒤 이곳에 개성공단 시범단지 2만 8천 평 부지가 조성됐다.

이 진봉산의 북쪽에서 동쪽으로 뻗어 내린 능선에 고려 5대 경종(景宗)의 무덤인 영릉(榮陵)이 자리잡고 있다. 그리고 진봉산 정상에서 남서쪽으로 내려오면 얕은 구릉지 너머에 고려 6대 성종(成宗)의 강릉(康陵)이 있다.

영릉과 강릉이 아주 가깝지 않고, 너무 멀지도 않은 곳에 자리잡은 데는 그럴만한 이유가 있지 않았을까? 경종과 성종은 사촌 사이다. 고려 4대 임금 광종의 아들 경종(景宗: 955~981년, 975~981년 재위)은 6세 되던 960년부터 즉위 직전까지 15년간 지속한 광종(光宗)의 숙청 광풍 속에서 살아남아 즉위했다.

경종에게는 네 명의 왕비가 있었다. 경종이 27살의 나이로 요절하기 전 유일한 왕자는 제3비 헌애왕후(獻哀王后; 964~1029)가 낳은 왕송(王誦)

진봉산 동쪽 능선에 조성된 경종 영릉

1916년대에 촬영된 경종의 영릉(榮陵) 전경(위). 이때까지는 조선 고종 때 세운 표석이 남아 있었다. 현재 영릉 모습(아래).

경종 영릉(榮陵)의 측면 모습(위)과 동쪽과 서쪽에 세워져 있는 석인상(아래).

뿐이었다. 2살 된 아들이 너무 어려 국사를 맡을 수 없다고 판단한 경종은 '도학군자(道學君子)'로 이름이 높았던 사촌 동생 개령군(開寧君) 왕치(王治)에게 왕위를 넘겼다. 당시 왕족들의 지지를 받은 왕치가 왕위에 오르니 고려 6대 성종이다. 헌애왕후는 성종의 여동생이기도 했다.

성종은 조카 왕송을 개령군(開寧君)으로 임명하고 친자식처럼 길렀고, 후에 왕위를 그에게 넘겼다. 왕이 된 왕송(목종)이 아버지 경종의 무덤 가까이에 성종을 안장한 것은 숙부의 보살핌에 대한 보은이 아닐까 추측해 본다.

## 선대 왕릉의 형식을 계승

경종 영릉이 있는 곳은 원래 개성시 판문군 판문읍에 속했지만 2002년 행정구역 개편으로 현재는 개성시 진봉리로 변경됐다.

1980년대 초 북한이 발굴 조사한 바에 따르면 영릉의 무덤칸은 반지하에 설치되었고 화강암 판돌로 축조됐다. 선대 왕릉과 마찬가지로 무덤칸에는 통돌관대와 유물받침대가 놓여 있었다. 일제 강점기에 이루어진 도굴로 출토 유물은 청자 조각 몇 점 밖에 없다고 한다.

능 구역은 크게 세 구역으로 나뉜다. 1단에는 12각형의 병풍석이 설치된 봉분과 난간석, 석수 4기가 있다. 병풍석에는 십이지신상이 새겨져 있고, 난간석은 기둥만 남아 있다. 2단에는 문인석 한 쌍이 좌우로 마주 보고 서 있다. 3단에는 정자각터(丁字閣址)가 남아 있다.

경릉에는 능비를 세웠던 디딤돌이 남아 있다. 능주를 알 수 없는 동구릉과 서구릉에도 귀부가 있었고, 태조 왕건의 5비인 신성왕후의 정릉(貞陵)에도 비슷한 형태의 귀부가 남아 있다. 이것은 초기 고려왕릉 앞에는 능주를 표기한 능비가 있었다는 것을 보여준다.

1995년 북한은 영릉의 병풍석을 정비하고, 봉분을 다시 쌓았다. 1963

년 첫 조사 당시 봉분의 높이는 1.38m, 지름은 5.19m였으나, 정비 후에는 봉분의 높이가 2.3m, 지름이 8.6m로 커졌다.

1910년대에 촬영된 사진과 2000년대에 촬영된 영릉의 모습을 비교해 보면 능 앞에 조선 후기에 세운 표지석이 사라진 것 외에는 크게 달라지지 않은 모습이 확인된다. 근처에 마을이 없기 때문일 수도 있겠다.

『고려사』에는 "경종은 깊은 궁중에서 태어나 부인(광종의 부인 대목왕후)의 손에 자랐다. 따라서 궁문 밖의 일은 일찍이 본 적이 없고 알지도 못했다. 다만 천성이 총명하여 아버지 광종의 말년에 겨우 죽음을 면해 왕위를 계승할 수 있었다"라고 기록되어 있다.

경종은 막강한 친서경(西京) 세력을 등에 업은 어머니 대목왕후의 보호로 겨우 목숨을 보전했지만 영특한 군왕의 자질은 없었던 것 같다.

"옳고 그름을 분간하지 못하고, 상과 벌을 주는 것이 고르지 않은 것이 통치에도 영향을 끼쳤다. 정치를 게을리 하고, 여색과 향락, 바둑과 장기에 빠졌다. 그의 주위에는 내시들뿐이었다. 군자의 말은 외면하고 소인의 말만 들었다. 처음은 있으나 끝이 없다는 말이 그를 두고 한 말이니 충신 의사들이 통분할 일이 아닌가?" (『고려사』 권93 최승로 열전) 981년(경종 6년)

## 고려의 국가체제 정비한 성종

경종은 병세가 위독해지자 왕위를 사촌 동생 성종에게 넘겼다. 성종(960~997년, 981~997년 재위)은 태조 왕건의 아들 왕욱(王旭)과 선의태후(宣義太后) 유씨(柳氏)의 차남으로 태어났다.

『고려사』는 경종과 달리 성종에 대해 높이 평가했다.

성종의 강릉 측면 모습. 오랜 세월 봉분의 흙이 흘러내려 병풍석과 난간석이 묻혔다.

"(성종은) 종묘를 세우고 사직을 정했다. 학교 재정을 넉넉하게 해 선비를 양성했고, 직접 시험을 치러 어진 사람을 구했다. 수령을 독려하여 어려운 백성을 돕게 하고, 효성과 의리를 권장하여 풍속을 아름답게 했다. (중략) 뜻이 있어 함께 일을 할 수 있다는 말이 있는데, 성종이야말로 바로 그런 어진 군주(賢主)다." (『고려사』 권 3 성종 16년 10월)

성종이 고려 종묘와 사직의 완성, 인재의 양성과 발탁, 민생의 교화와 안정을 이룩했다는 점에서 현군(賢君)으로 평가한 것이다. '성종'이란 칭호에 걸맞은 군주였던 셈이다. 그에게 붙여진 묘호인 '성종(成宗)'은 한 왕조의 기틀이 되는 '법과 제도'를 완성한 군주에게 붙여지는 호칭이다. 조선의 법과 제도를 담은 『경국대전(經國大典)』(1485년)을 완성한 조선 성

개성시 진봉리(2002년 판문군 폐지로 편입)에 있는 고려 6대 성종의 무덤인 강릉 정면 전경
(위)과 측면 전경(아래).. 오른쪽으로 고려 5대 경종의 영릉이 자리 잡고 있는 진봉산이 보인다.

종(1469~1494년)에게도 같은 묘호가 부여됐다.

성종은 고려의 역대 국왕 가운데 '어진 군주(賢主)'로 평가된다. 인적 청산에 집중했던 광종과 달리 그는 다른 성향의 정치 세력을 끌어안는 조화와 균형의 리더십으로 정국을 운영했다.

우선 성종은 즉위 직후 언로(言路)를 개방했다. 5품 이상 모든 관료에게 현안에 대한 의견을 올리게 했다. 그 가운데 28가지 조항으로 된 최승로(崔承老)의 시무상소가 전해진다. 군주들이 언로를 열었다가도 따가운 비판에 마음을 닫는 경우가 다반사지만, 성종은 끝까지 마음을 열어 신하들의 비판을 듣고 정책에 반영했다.

또한 성종은 제도 개혁을 단행하여 고려의 법과 제도를 완성했다. 즉 중국 문물 도입을 주장하는 최승로 중심의 유학자 집단들을 통해 중국의 선진문물을 수용하고, 3성 6부와 같은 정치제도 및 2군 6위와 같은 군사제도를 완비했다. 또한 호족 세력을 약화하고 중앙정부가 직접 지방을 지배하도록 행정제도도 개혁했다.

우리에게는 성종보다 성종 대의 외교가이자 문신으로 유명한 서희(徐熙)가 더 익숙하다. 993년(성종 12) 거란(契丹)이 침입했을 때 서희는 중군사(中軍使)로 북계(北界)에 출전했다. 전세가 불리해지자 조정에서는 항복하자는 안(案)과 서경(西京) 이북을 할양하고 강화하자는 안 중에서 후자를 택하기로 했으나 서희는 이에 극력 반대하고, 자진해서 국서를 들고 가 거란의 적장 소손녕(蕭遜寧)과 담판을 벌였다. 이때 옛 고구려 땅은 거란 소유라는 적장의 주장을 반박하며, 국명으로 보아도 고려는 고구려의 후신임을 설득해 거란군을 철수시켰다.

고려는 994년 거란으로부터 점유를 인정받은 압록강 동쪽의 여진부락을 소탕하고, 이곳을 통치하기 위해 흥화·용주·통주·철주·구주·곽주 등에 '강동 육주'를 설치했다. 이로써, 고려는 서북면의 군사·교통상의 요지인

조선 고종 때 세운 강릉의 표석. '고려 성종'이라고 쓴 것이 보인다.

'강동육주'를 통해 대륙 세력의 침입을 막아내고 나아가 우리 민족의 생활권을 압록강까지 확장했다.

건국 초기의 혼란을 딛고 국가체제를 정비한 성종은 997년(성종 16) 10월에 38세의 나이로 승하해 도성 남쪽(南郊)에서 장례를 지냈다. 능호는 강릉(康陵)이다.

『고려사』에는 성종 16년 9월(음력) 흥례부(興禮府 : 지금의 울산광역시)로 성종이 직접 가 태화루(太和樓)에서 신하들에게 잔치를 베풀었고, 그 후에 "왕의 몸이 편찮았다"란 대목이 나온다. 그리고 10월에 "왕의 병세가 더욱 심해지자 개령군(開寧君) 왕송(王誦)을 불러 친히 유언을 내려 왕위를 전한 후 내천왕사(內天王寺)로 거처를 옮겼다.

평장사(平章事) 왕융(王融))이 사면령을 반포하자고 했으나, 성종은 '죽고 사는 것은 하늘에 달렸으니 무엇하러 죄지은 자들을 풀어주면서까지 억지로 목숨을 연장할 필요가 있겠는가? 또 나의 뒤를 이어 왕위에 오른 사람이 무엇으로써 새 왕의 은혜를 펼 수 있겠느냐?'고 하면서 허락하지 않았다"라고 기록되어 있다.

강릉은 현재 행정구역상으로 개성시 진봉리(일제 강점기 때 행정구역으로는 개성군 청교면 배야리 강릉동)에 있으며, 고려 궁궐(만월대)에서 남쪽으로 직선거리로 5.7km 정도 떨어져 있다.

능 구역은 원래 넓었지만, 협동농장이 들어서고 주변이 개간되면서 많이 축소됐다.

1916년 일본학자의 조사보고서에 따르면 능 구역에는 "돌담과 기타 열석(列石)이 있으며, 능 앞은 평평한 풀밭이고 정자각지(丁字閣址)가 없다. 능은 남쪽으로 향하고 있고, 높이는 12척, 직경은 42척으로 비교적 크다. 병석(屛石)은 모두 흩어져 없어지고 봉토도 유락(遺落)되었으며, 난간석(欄干石)의 일부가 남아 있고 석수(石獸)는 모두 넘어져 있었다. 그밖에 석양(石羊) 1구가 능 앞에 있고, 또한 석인(石人) 1구가 얼굴 부분이 결실된 채 넘어져 있다"고 했다.

능 앞에는 조선 후기 때 세운 '고려 성종'이라고 쓴 표지석이 있었다. 최근 촬영한 강릉의 모습도 이와 크게 다르지 않다. 다만 보존유적 567호로 지정돼 관리되는 강릉 주변은 '평평한 풀밭'이 밭으로 변했고, 석물들이 원래 자리를 잃은 채 모여 있다.

그나마 다행인 것은 대부분의 고려왕릉에서 표지석이 사라진 것과 달리 '고려 성종'이라고 쓴 표석이 그대로 보존돼 있다는 점이다.

성종이 왕위에 오르면서 그의 부모는 대종(戴宗)과 선의왕후로 각각 추존됐다. 능호는 태릉(泰陵)이다. 왕건왕릉과 공민왕릉의 중간쯤 약간 북쪽에 있으며, 현재 행정구역상으로는 개성시 해선리에 속한다.

개성시 봉명산 동쪽 능선 자락에 자리잡고 있는 태릉 전경. 성종의 부친인 대종의 능이다.

　　969년에 조성된 태릉은 현재 4단으로 복원되어 있고, 1단에 있는 봉분의 크기는 지름 10.2m, 높이 약 2.4m이다. 2단과 3단에 문인석이 각 2쌍씩 동서로 4개가 세워져 있고, 망주석도 남아 있다.

8

# 신하에게 살해된
# 7대 목종(穆宗)의 의릉(義陵)

사후 3년 만에 도성 동쪽으로 이장

# 숙부에게 왕위를 물려받았으나
# 정변으로 폐위, 살해된
# 고려의 첫 국왕

997년 10월 성종은 재위 16년 만에 병을 얻게 되자 선왕인 경종의 장자인 개령군 송(誦)에게 왕위를 물려줬다. 그가 제7대 목종(穆宗, 980~1009)이다. 이때 나이가 18세였다. 성종이 목종에게 왕위를 물려준 것은 아들이 없고 딸만 두었다는 것이 가장 큰 이유였다. 아들이 없던 성종은 송을 궁궐에서 양육하여 개령군에 봉하는 등 아들처럼 길렀다고 한다. 성종은 선왕인 경종이 비록 2살이지만 왕자 송이 있음에도 자기에게 선위해 준 은혜를 저버리지 않았고, 왕위까지 넘겨줬다.

목종을 낳은 헌애왕후(獻哀王后, 훗날의 천추태후)는 성종의 친동생이었다. 고려의 왕위 계승에서 성종이 외조카 목종에게 선위를 하는 데는 아무런 지장이 없었다.

목종은 성품이 침착하고 굳세며 임금의 도량이 있었다. 활쏘기와 말타기를 잘하고 술을 즐기며 사냥을 좋아하였다. 그러나 정치에 뜻이 없었으며, 측근만을 가까이하였다는 유교적 평가를 받았다.

특히 어머니 헌애왕후의 야망이 그를 불행으로 이끌었다. 왕의 나이가 어리다는 명분으로 섭정을 한 헌애왕후는 김치양(金致陽)과 정을 통해 아들을 낳았고, 목종에게 아들이 없자 자신이 낳은 사생아를 왕위에 올리려고 시도하였다. 목종은 헌애왕후와 김치양 세력을 견제하기 위해 호경(평양)에 있던 서북면 순검사(西北面 巡檢使) 강조(康兆)를 개경으로 불러 호위케 하였지만 강조는 오히려 무장 병력을 이끌고 개경으로 들어와 대량

1910년대와 최근의 동구릉의 모습. 현재 봉분과 일부 석조물이 남아 있다.

원군을 왕위에 올리고 폐위된 목종을 유배 보냈다. 그러고도 불안을 느낀 강조는 자객을 보내 충주로 가던 목종을 파주시 적성현 인근에서 시해하고, 시신을 화장해 묻었다. 이때 조성된 목종의 능은 공릉(恭陵)이라고 했으며, 묘호(廟號)는 민종(愍宗)이었다.

이것은 강조의 주도로 이뤄졌고, 후에 이 사실을 알게 된 현종은 1012년(현종 3)에 개성 동쪽으로 이장하고 능호를 의릉(義陵)으로 개칭하고, 묘호를 목종이라 하였다. 『고려사』에는 강조의 처사에 대해 "신하와 백성들이 모두 통분(痛憤)하지 않음이 없었으나, 현종(顯宗)만 알지 못하다가 거란(契丹)이 죄를 물을 때에야 비로소 이를 알게 되었다"라고 기록되어 있다. 거란은 '강조의 정변'을 구실로 삼아 제2차 고려-거란전쟁을 일으켰다.

이장된 목종의 의릉은 도성(都城)의 동쪽이라고만 기록되어 있다. 조선 세종대까지만 해도 "의릉 주변에서 벌목하거나 채취하는 것을 금했다"는 기록이 남아 있어 이때까지만 해도 목종릉은 어느 정도 관리가 되었던 것으로 보인다. 그러나 이후 정확한 위치를 알 수 없게 됐다.

의릉이 완전히 없어지지 않았다면 현재 개성 도성의 동쪽이나 동북쪽에 남아 있는 왕릉 중의 하나가 목종릉일 것이다. 그 중에서도 10세기-11세기 초반에 조성된 동구릉(東龜陵)과 소릉군 제5릉을 목종릉으로 추정해 볼 수 있다.

개성시 용흥동에 있는 동구릉은 개성성 동북쪽 문인 탄현문터를 지나 북으로 약 1km 떨어진 곳에 있다. 이 왕릉은 송악산 주봉에서 동쪽으로 뻗어 내린 능선의 남쪽 경사면에 남북으로 길게 놓여 있다.

현재 봉분은 유실이 심하고 뒷산에서 밀려 내려온 토사로 석조물들이 묻혀 있어 원래 모습을 거의 찾아볼 수 없다. 병풍석은 사라졌고, 석수 2개가 남아 있다. 봉분은 원래 모양을 잃어 타원형을 이루고 있으며, 봉분

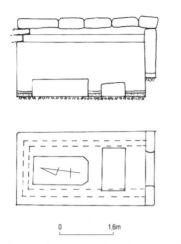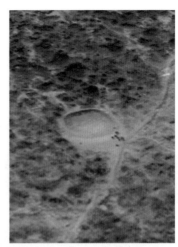

0      1.6m

목종릉으로 추정되는 동구릉의 내부 구조 실측도와 외관

의 지름은 9.5m, 높이는 약 3.5m이다.

무덤칸의 크기는 남북 길이 3.73m, 동서 너비 1.93(북)-2.03(남)m, 높이 1.8m이다. 관대는 무덤칸 바닥의 북쪽 부분에 남북으로 길게 놓여 있는데 한 장의 화강암 판돌을 가공해 만들었다. 관대의 크기는 길이 1.65m, 너비 0.83m, 높이 0.5m이다.

그리고 관대의 남쪽에 유물 받침대 한 개가 설치되어 있다. 통돌관대와 유물 받침대 한 개의 존재는 동구릉이 유물 받침대 두 개가 설치된 3대 정종의 안릉보다는 늦게 조성됐고, 유물 받침대가 설치되지 않은 현종의 선릉보다는 이른 시기에 조성됐다는 것을 보여준다.

동구릉이란 이름은 거북 받침의 능비가 세워져 있었기 때문에 붙인 것이지만 현재 능비는 없다.

1997년 북한의 발굴 조사에 따르면 무덤칸의 북벽에 연꽃, 서벽에 대나무와 연꽃이 그려져 있었고, 동벽에도 연꽃이 보이며 천정의 벽화는 잘

10세기~11세기 초반에 조성된 왕릉으로 추정되는 소릉군 제5릉 전경.

알 수 없었다고 한다. 유물로는 대접, 바리와 같은 청자기들과 관못, 쇳조
각 등 철제품들이 나왔다.

　동구릉과 비슷한 시기에 조성된 왕릉이 송악산 북쪽에 있는 소릉군 제
5릉이다. '소릉군 제5릉'(보존유적 제566호)은 제4릉에서 북동쪽으로
500m 정도 위쪽에 있으며, 병풍석, 석축 등이 잘 남아 있다. 능역은 3단
으로 축조되었고, 소릉군 왕릉 중에서 가장 높은 위치에 있다. 봉분의 높
이는 2.65m, 지름은 12.8m이다. 2단에는 동서 양쪽에 문인석이 한 쌍씩
서 있다. 이 왕릉에서도 무덤칸의 관대 옆에 유물 받침대 한 개가 확인되
었다.

　방위를 고려한다면 도성 동쪽으로 이장된 목종왕릉은 소릉군 제5릉보

다는 동구릉일 가능성이 더 커 보인다. 목종 의릉이 동구릉이라면 소릉군 제5릉은 서구릉과 마찬가지로 태조 왕건의 왕비 중 한 명의 능일 것으로 추정된다.

# 9

# '사생아'로 태어나 왕위에 오른 현종의 선릉(宣陵)

## 수차례 도굴된 '선릉'은 현종의 무덤일까

# '고려의 북망산'으로 불리는 만수산

송악산 줄기가 서쪽으로 뻗어내려 온 봉우리가 만수산(萬壽山)이다. 이 방원의 '하여가(何如歌)'에 등장하는 산이다. 훗날 조선 태종이 되는 이방원은 세를 규합하며 정몽주에게 '하여가'를 통해 자신의 의중을 드러낸다. 조선 건국에 동참할 것을 권유하는 내용이었다.

"이런들 어떠하리 저런들 어떠하리, 만수산 드렁칡이 얽혀진들 어 떠하리. 우리가 이같이 얽혀져 백 년까지 누리리라."

정몽주 역시나 익히 알려진 '단심가(丹心歌)'로 답한다.

"이 몸이 죽고 죽어 일백 번 고쳐 죽어, 백골이 진토 되어 넋이라 도 있고 없고, 임 향한 일편단심이야 가실 줄이 있으랴."

정몽주의 마음을 확인한 이방원은 수하를 시켜 선죽교에서 그를 죽였다.

만수산은 '고려의 북망산'으로 불린다. 태조 왕건의 현릉이 이곳에 자리잡은 후 가장 많은 왕릉이 조성됐기 때문이다. 고려왕릉 외에도 고려의 귀족과 조선 시대 고위 관료들의 묘가 만수산 주변에서 확인된다. 현재 행정구역상으로는 개성시 해선리다.

선릉군과 칠릉군의 위치도. 가장 북쪽의 것이 선릉군 제1릉, 남쪽 아래가 제2릉, 오른쪽이 제3
릉이다.

왕건릉 서쪽에서 북쪽으로 난 소로를 따라 낮은 언덕을 넘어 가면 '칠
릉골'이 나온다. 무덤의 주인을 알 수 없는 7개의 고려왕릉(칠릉군 또
는 칠릉떼라고 부름)이 자리잡고 있어 붙은 지명이다. 7개의 고려왕릉은
2013년 유네스코 지정 세계문화유산으로 등록됐다.

여기서 동북쪽으로 다시 고개 하나를 넘으면 3개의 왕릉이 나타나는데,
선릉군(宣陵群) 혹은 선릉떼라고 부른다. 만수산이 서남으로 뻗기 시작하
는 높지 않은 언덕에 남향으로 조성돼 있다. 과거에는 이 마을을 능현동
(陵峴洞)이라고 불렀다. 왕릉이 있기 때문에 붙은 이름으로 추정된다.

## 조선 후기에 위치를 잃어버린 현종릉

서쪽에서 동쪽으로 이 고개를 넘으면 3개의 왕릉이 나온다. 그중 가장
북쪽에 있는 왕릉이 '선릉군 제1릉'으로 고려 8대 현종(顯宗)의 능으로 추
정된다.『고려사』에 따르면 현종은 1031년(현종 22) 5월 중광전(重光殿)

133

왕건왕릉과 만수산. 왕건왕릉 뒤쪽 언덕 너머에 칠릉군 제7릉이 있고, 북쪽으로 언덕을 하나 더 넘으면 선릉군이 있다.

1910년대에 촬영된 현종의 무덤으로 추정되는 선릉군 제1릉의 전경(위). 2단 서쪽의 문인석이 넘어져 있고, 4단 동쪽의 문인석이 정면을 향하는 등 능역이 많이 훼손되어 있다. 현재 선릉군 제1릉의 모습(아래)

에서 승하하여 송악산(松岳山) 서쪽 기슭에 장례 지냈다고 한다. 능호는 선릉(宣陵)이다.

조선 건국 후 세종(世宗) 때까지만 해도 현종의 선릉은 수호인이 있어 어느 정도 관리가 된 것으로 보인다. 그러나 조선 중종(中宗) 때에 이르면 선릉은 초목이 무성해지고, 주변에 오래된 무덤이 많아서 어느 무덤이 선릉인지 분간하기 어려울 정도가 되었다. 임진왜란과 병자호란을 거치면서 선릉을 비롯한 대부분의 고려왕릉 관리가 더 소홀해졌다.

조선 현종 때의 기록을 보면 "이미 봉토는 다 훼손되었고, 사면석물은 대부분 매몰되어 어느 것이 현종의 능인지 정확히 알 수 없었다"라고 할 정도로 선릉은 황폐화됐다. 그 후 선릉은 어느 시점에 다시 복원되었고, 조선 고종(高宗) 때 왕릉 표석(表石)을 세우고 산지기를 두어 관리했지만 여러 차례 도굴당한 것으로 보인다.

1905년(대한 광무(光武) 9년)에 "고려 현종(顯宗) 선릉(宣陵)의 산지기가 보고하기를, '음력 정월 14일 밤에 알지 못할 어떤 놈이 능을 허물었습니다'라고 하기에 즉시 달려가 봉심하니 능이 허물어진 곳이 3분의 1이나 되고 앞면의 판 곳은 깊이가 3, 4자 가량 되었습니다"라는 기록이 남아 있다.

이러한 기록을 볼 때 현종 선릉은 16세기에 와서 능의 위치를 알 수 없게 되었고, 새로 선릉의 위치를 파악한 것은 조선 후기였으며, 대한제국 시기와 일제 강점기를 거쳐 지금까지 선릉군 제1릉을 선릉으로 인식하고 있었다.

## 원형이 훼손된 선릉군 제1릉

고려 현종의 능으로 추정되어 온 선릉군 1릉은 완만하게 뻗어 내린 산기슭을 다듬어서 장축을 동서로 하는 장방형으로 축조되어 있다. 제1단

2021년 북한의 온라인매체 '내나라'가 선릉군 2릉으로 소개한 선릉군 1릉의 모습.

의 중심 부위에 봉분이 자리잡고 있고, 좌우에 망주석이 서 있다.

북한의 조사에 따르면 봉분은 먼저 병풍석(屛風石)을 12각으로 축조한 위에 조성했고, 봉분의 높이는 2.25m, 지름은 9m이다. 병풍석의 아래 부분은 매몰되어 있고, 면석에는 12지신상(十二支神像)이 조각되었다. 12지신상은 능묘를 보호하는 기능으로 새겨지며, 대부분 문복을 입고 손에 홀(笏)을 잡고있는 수수인신(獸首人身, 동물 머리에 사람 몸)의 모습을 하고 있다.

1910년대에 촬영된 사진을 보면 1867년(조선 고종 4)에 세운 표석이 남아 있었고, 문인석 1쌍이 서 있었는데 서쪽의 문인석은 쓰려져 있는 상태였다. 3단은 아무런 석조물 없이 비어 있었고, 4단에 문인석 1쌍이 서 있었지만 동쪽의 문인석은 정면을 응시하고 있었다.

1960년대 북한이 조사할 때 화강암으로 2단과 3단에 쌓은 축대가 대부분 매몰된 상태였고, 조선 고종 때 세운 능비는 사라졌으며, 정자각(丁字閣) 터에서는 초석 2개와 기와 파편만이 발굴되었다고 한다.

한 가지 조심할 대목은 현재 북한이 선릉의 모습이라고 공개하는 사진들은 우리가 알고 있는 선릉군 제1릉이 아니라는 점이다. 2021년 북한의 온라인 매체인 '내나라'는 선릉군 3릉 사진을 선릉군 1릉으로, 선릉군 2릉 사진을 선릉군 3릉으로 소개하였다. 또한 선릉군 1릉의 과거 모습을 담은 사진은 선릉군 2릉으로 소개했다.

장경희 교수가 2000년대에 촬영한 고려왕릉 사진을 수록해 출간한 『고려왕릉』에도 선릉군 제1릉을 설명하면서 실제로는 제3릉의 사진을, 제2릉을 설명하면서 제1릉의 사진을, 제3릉을 설명하면서 제2릉의 사진을 소개하고 있다. 즉, 선릉군 3개의 왕릉에 대한 설명은 기존의 통설을 따르고, 사진은 북한의 사진 설명에 따라 배치하다 보니 왕릉에 대한 설명 내용과 사진이 일치하지 않는 오류가 난 것이다.

북한 언론 매체의 보도가 잘못된 것이 아니라면 북한 학계는 시점은 정확하지 않지만 선릉군의 왕릉들에 대해 기존의 방식이 아니라 가장 동쪽에 있는 왕릉부터 순서대로 1릉(기존의 3릉), 2릉(기존의 1릉), 3릉(기존의 2릉)으로 바꿔 지칭하기 시작한 것으로 보인다. 실제로 북한이 세운 선릉군 표석은 선릉군 3릉 앞에 서 있다.

그러나 이러한 소개나 설명은 조선 후기 이래 일반적으로 통용되어 온 지칭과는 완전히 다른 것이다. 일제 강점기 때 촬영된 사진들과 비교해 볼 때 북한이 선릉군 제1릉이라고 소개한 사진들은 선릉군 3릉을 촬영한 것이 분명하다.

그렇다고 북한이 선릉군 제3릉을 선릉으로 보고 있는지도 불투명하다. 제3릉은 3단이 아닌 4단으로 조성되어 있고, 북한 학자들의 논문에서도 선릉군 1릉을 선릉으로 추정해 왔기 때문이다..

## 시책이 발굴된 칠릉군 제1릉

최근에는 현종 선릉의 위치가 조선 후기에 잘못 비정됐고, 선릉군 제1
릉 남쪽 인근에 있는 칠릉군 제1릉이 선릉일 수도 있다는 주장이 제기되
었다.

특히 주목할 유물은 칠릉군 제1릉에서 나온 시책(옥책) 조각이다. 이 왕
릉에서는 백색대리석을 가공해 만든 시책이 깨어진 채 발굴됐는데, "왈신
(曰新)", "아황(我皇)", "왕묘(王廟)", "장(章)", "휘호(徽號)", "시왈(諡曰)",
"왈현(曰顯)", "간이(顨而)", "숭(崇)", "홍(洪)", "상(尙)" 등의 글자가 해독
가능하다.

여기서 주목되는 단어가 "시왈(諡曰)", "왈현(曰顯)"이다. 만약 두 단어
사이에 누락된 글자를 "시왈원문(諡曰元文) 묘호왈현종(廟號曰顯宗)"이라
고 추정하면 이 무덤의 주인공은 현종이 된다.

해독 가능한 글자 중에 '휘호'가 있기 때문에 이 무덤이 왕후릉이라고
판단할 수도 있다. 조선 시대 때 '휘호'는 왕비가 승하한 후에 시호와 함
께 올리는 명칭으로, 왕비에게만 올렸기 때문이다.

고려 후기에도 '휘호'란 용어는 주로 왕후에게 사용된 것으로 보인다.
그러나 고려 초기에는 "왕이 친히 태묘에 제사지내고, 선왕(先王)과 선후
(先后)의 휘를 덧붙였다"(『고려사』 3권 목종 5년)란 기록처럼 왕과 왕후
모두에게 사용된 용례도 보인다.

칠릉군 제1릉이 현종의 선릉일 수 있다는 추정은 잠정적이고, 아직까
지 확실한 근거는 없다고 할 수 있다. 다만 현재로서는 선릉이라고 알고
있는 '선릉군 1릉'을 현종의 무덤이라고 단정하기에도 여러 가지 무리가
따른다는 점이다.

조선 후기에 왕명에 따라 고려왕릉을 조사하면서 선릉군 1릉을 현종
선릉으로 확정할 때는 나름의 근거가 있었을 것이다. 그리고 그 후에 관

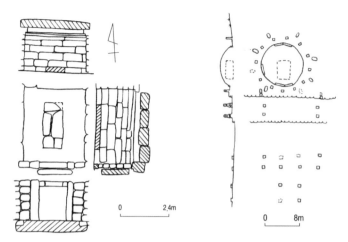

7릉떼 1릉 내부 구조 실측도                 7릉떼 1릉 외부 구조 실측도

습적으로 이 무덤을 선릉으로 인정했고, 일제 강점기 일본학자들의 조사 때도 이를 수용했다. 특히 문헌 기록만으로 보면 칠릉군 제1릉보다는 선릉군 제1릉이 현종의 왕릉일 가능성이 커 보인다. 『고려사』에 따르면 현릉은 송악산의 서록(서쪽 기슭)에 있다고 기록되어 있다. 선릉군 제1릉은 현재 기준에서 보면 만수산의 동쪽 능선에 있지만 고려 시기 사람들은 이곳을 송악산의 줄기가 서쪽으로 뻗은 기슭이라고 인식할 수 있다.

따라서 선릉군 제1릉이 현종 선릉이라는 통념은 결정적 물증이 나오기 전까지는 뒤집기 어려워 보인다. 다만 현종 선릉이 칠릉군 1릉일 수도 있다는 가능성을 열어 두고 좀 더 세밀한 조사가 필요할 것이다. 무엇보다도 선릉군 제1릉은 여러 차례 도굴되고 파괴되어 복원되는 과정을 거치면서 원형을 알아볼 수 없게 되었다. 현재 남아 있는 석인상의 위치도 이상하고, 석인상 자체도 고려 후기에 다시 만들어 세웠을 가능성이 있다. 능주 확정을 위해서는 발굴을 통해 내부 무덤칸의 구조나 유물을 확인해 볼 필요가 있을 것이다.

## 선릉군의 다른 두 왕릉도 퇴락

선릉군 1릉에서 남쪽으로 직선거리 280m 정도 떨어져 2릉이 자리잡고 있고, 제1릉에서 남동쪽으로 150m 정도 떨어져 3릉이 있다. 2릉과 3릉도 현재 무덤의 주인을 알 수 없다. 선릉군 2릉은 고려 중기의 왕후릉으로 추정되는데, 발굴해서 관대의 형식, 유물부장대의 존재유무 등을 확인해야 정확한 조성 시기를 판단할 수 있을 것이다.

선릉군 2릉은 능역이 심하게 훼손되어 있다. 현재는 봉분을 포함해 2단까지만 남아 있는데, 2단 앞에 정자각이 있었다면 고려 초기의 전형적인 3단 구조로 조성됐다고 할 수 있다. 봉분의 높이는 2.25m이고 지름은 9.8m이다.

1963년 북한이 조사할 당시에는 문인석이 2단 서쪽에 1개 남아 있었지만, 현재는 모두 사라졌다. 이 왕릉은 고려 중기 왕후 중 한 명의 무덤일 가능성이 큰 것으로 추정된다.

고려 현종이 1021년(현종 12) 도성 서쪽에 세운 현화사터. 현재는 폐사되어 당간지주(사진 중앙 멀리 보이는 기둥처럼 생긴 것)만 덩그러니 남아 있고, 창건 당시 세운 현화사비(玄化寺碑)와 7층석탑은 고려박물관 뒤뜰로 옮겨져 보존돼 있다.

선릉군 3릉은 4단 구조로 축조됐고, 현재 1단에 봉분과 난간석, 석수 등이 일부 남아 있다. 1단 동서 양쪽에는 8각으로 정교하게 가공한 망주석이 서 있다. 봉분 앞면에는 병풍돌들이 그대로 남아 있는데, 화강암 판석으로 된 면돌에는 12지신상이 조각되어 있다. 봉분의 높이는 2.55m, 지름 11.6m이다.

2-3단에는 문인석 2쌍씩 모두 4개가 배치되어 있다. 4단에는 원래 정자각터가 있었는데 도로가 생기면서 없어졌다.

선릉군 3릉은 능역 구조와 봉분의 크기 등을 고려해 볼 때 충혜왕의 영릉으로 추정해 볼 수 있지만 발굴을 통해 내부 구조를 확인할 때까지는 단정 짓기 어렵다.

북한의 국보유적 제151호로 지정된 현화사비에는 현종이 양친인 안종(安宗)과 헌정왕후(獻貞王后)의 명복을 빌기 위하여 현화사를 창건하였다는 창건 연기와 절의 규모, 연중 행사 및 국가에서 베푼 여러 가지 사실이 기록되어 있다.

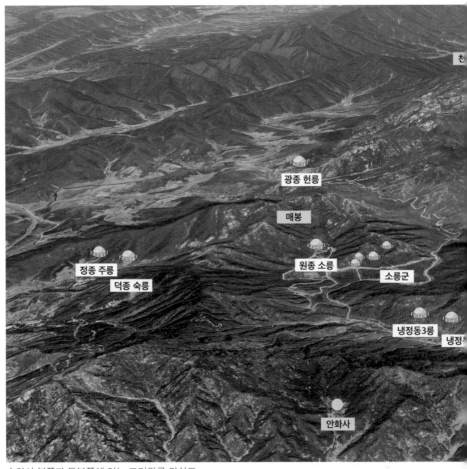

천

광종 헌릉

매봉

원종 소릉

소릉군

정종 주릉

덕종 숙릉

냉정동3릉

냉정

안화사

송악산 북쪽과 동북쪽에 있는 고려왕릉 위치도

## 현종이 현화사(玄化寺)를 창건한 이유

고려 현종은 1021년(현종 12) 도성 서쪽에 현화사를 창건했다. 현재
현화사는 폐사돼 당간지주만 덩그러니 남아 있지만 창건 당시 세운 현화
사비(玄化寺碑)가 1988년에 개관한 고려박물관 뒤뜰로 옮겨져 보존되어
있다.

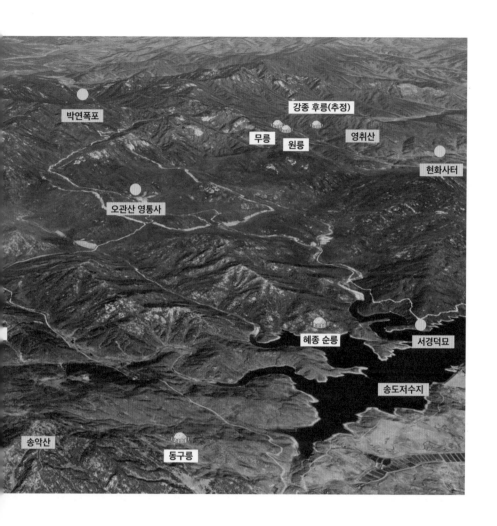

박연폭포

강종 후릉(추정)

무릉　원릉　영취산

현화사터

오관산 영통사

혜종 순릉

서경덕묘

송도저수지

송악산

동구릉

　　북한의 국보유적 제151호로 지정된 현화사비에는 현종이 양친인 안종
(安宗)과 헌정왕후(獻貞王后)의 명복을 빌기 위하여 현화사를 창건하였다
는 창건 연기(緣起, 절을 짓게 된 이유)와 절의 규모, 연중 행사 및 국가에
서 베푼 여러 가지 사실이 기록되어 있다.

　　특히 비의 뒷면에는 현종이 국가의 번영과 사직의 안녕함을 위하여 매년 4월 8일부터 사흘간 밤낮으로 미륵보살회(彌勒菩薩會)를 베풀고, 양친의 명복을 위해서는 매년 7월 15일부터 사흘간 밤낮으로 미타불회(彌陀佛會)를 열었다고 기록돼 있다.

현종이 특별히 현화사를 창건한 이유는 그의 출생 비밀과 연결돼 있다. 현종은 두 차례 거란의 침입을 수습하고 고려 왕조의 기틀을 다지는 데 크게 기여한 군주로 평가된다. 묘호인 현(顯) 자는 "업적이 나라 안, 밖으로 널리 알려졌다"란 의미를 담고 있다.

그러나 그에게는 '사생아'라는 치명적인 약점이 있었다. 역대 한국 왕조 중에 서자 출신 군주는 여럿 나왔으나 부모가 정식 혼례 절차 없이 사생아로 태어난 군주는 고려 현종이 유일하다.

현종은 원찰(原刹)을 세워 사생아인 본인을 낳아 힘들게 살다 죽은 부모 안종과 헌정왕후의 명복을 빌고 그들의 명예를 회복시키고자 했던 것이다. 다만 사생아라는 약점을 빼고 부모의 혈통만 따지면 현종의 정통성은 뚜렷했다.

현종의 아버지는 안종(安宗)으로 추존되는 왕욱(王郁)이고, 어머니는 경종(景宗)의 왕비였던 헌정왕후(獻貞王后) 황보씨(皇甫氏)였다. 헌정왕후는 경종 사후에 사저로 나가 살고 있었는데, 이때 왕욱과 정을 통하여 아이를 가지게 되었다고 한다.

이 사실이 알려지며 왕욱은 지금의 경상남도 사천인 사수현(泗水縣)에 유배됐고, 헌정왕후는 아이를 낳고 바로 세상을 떠났다. 이 아이가 바로 왕순(王詢), 즉 훗날의 현종이다.

그가 국왕의 자리에 서게 된 과정은 매우 극적이었다. 헌정왕후는 당시 국왕이던 성종(成宗)의 친누이였으므로 현종은 성종의 친조카다. 현종은 성종의 배려로 유모의 손에서 자라다가 유배지에 있던 왕욱에게 보내져 함께 살았다. 이후 대량원군(大良院君)에 책봉됐고, 왕욱이 사망한 뒤에는

1910년대에 촬영된 무릉(상), 원릉(중)과 현재 원릉의 모습. 무릉은 고려 8대 현종의 부친인 안종의 묘이고, 원릉은 모친인 헌정왕후의 묘이다. 무릉과 원릉은 황해북도 장풍군 월고리에 있다. ⓒ장경희

오관산에서 내려다 본 영통사. 영통사에서 오른쪽 산 능선을 넘어가면 소릉군이 나오고, 왼쪽으로 산을 넘으면 무릉과 원릉이 나온다. 정면에 있는 봉우리 너머에 혜종 순릉이 자리잡고 있다.

다시 개경으로 돌아왔다.

하지만 성종이 사망하고 고려 7대 목종(穆宗)이 즉위한 뒤로 정치적인 견제에 시달리게 되었다. 당시 권력을 쥔 목종의 어머니 천추태후(千秋太后)는 어린 현종을 강제로 머리를 깎아 숭교사(崇敎寺)에 들여보냈고, 이후 신혈사(神穴寺)로 옮겼다. 천추태후는 여러 차례 사람을 보내 현종을 해치려 했다고 한다.

그런데 1009년(목종 12)에 돌발적인 상황이 벌어졌다. 30세의 한창 나이였던 목종이 갑자기 병이 들어 위독해지면서 후계 문제가 대두한 것이다. 아들이 없던 목종은 측근들과 의논하여 당시 유일하게 남은 태조의 손자인 대량원군 왕순을 후계자로 정하고, 신혈사에 있던 왕순을 불러오는 한편, 서북면을 지키고 있던 강조(康兆)를 불러들여 호위를 맡겼다.

그러나 목종의 모친인 천추태후와 정을 통한 김치양(金致陽)이 정권을 잡았다고 오해한 강조는 개경에 도착한 후 목종을 폐위하고, 왕순을 새

왕으로 옹립했다. 즉 현종은 원래 목종의 지명을 받아 정상적으로 후계가 될 수 있었으나, 뜻하지 않은 정변으로 비정상적으로 즉위한 것이다.

우여곡절 끝에 왕위에 올랐지만 현종은 두 차례 거란을 침입을 막아내고, 군현제 실시로 중앙집권적인 정치체제를 수립해 100여 년간 지속된 고려의 전성기를 열었다.

특히 1018년(현종 9)에 시작된 거란과의 전쟁('3차 고려-거란 전쟁')에서는 강감찬(姜邯贊)이 이끄는 고려군이 귀주(龜州)에서 결정적으로 승리(귀주대첩)함으로써 현종은 고려의 국제적인 위상을 높이고, 11세기의 활발한 국제 교류 시대를 여는 초석을 놓을 수 있었다.

# 10

# 200여 년 만에 찾은 형제의 무덤
# 숙릉(肅陵)과 주릉(周陵)

### 부왕(父王)인 현종(顯宗)의 왕릉과 인접

# 해선리 두 개의 왕릉을
# 숙릉과 주릉으로
# 비정

개성의 진산인 송악산 북쪽으로 천마산(762m)이 높게 솟아 있다. 대흥산성, 박연폭포, 관음사 등 많은 유적지가 있는 산이다. 천마산 정상에서 서남쪽으로 뻗어 솟아 있는 봉우리를 매의 부리처럼 날카롭게 생겼다고 해서 응봉(鷹峯) 또는 매봉, 수리봉이라고 부른다.

이 매봉의 중간쯤 남쪽 기슭에 두 개의 고려왕릉이 자리잡고 있다. 조선 후기에 고려왕릉을 조사한 후 월로동 제1릉, 제2릉으로 이름을 붙인 왕릉이다. 현재 행정구역상으로는 개성시 해선리 답동이다.

2016년 북한 고고학계는 두 왕릉을 처음으로 발굴한 후 이 무덤들이 각각 고려 9대 덕종(德宗)과 10대 정종(靖宗)의 왕릉이라고 발표했다. 덕종의 능호는 숙릉(肅陵)이고, 정종의 능호는 주릉(周陵)인데, 『고려사』에 북쪽 교외(北郊)에 장사 지냈다는 기록만 있을 뿐 그동안 능의 정확한 위치를 알 수가 없었다.

조선 세종(世宗) 14년(1432)에 숙릉과 주릉 주변에서 벌목하거나 채취하는 것을 금했다는 기록이 있어 이때까지만 해도 수호인(묘지기)을 두고 관리가 이뤄진 것으로 판단된다. 18세기 중엽 영조(英祖) 때 발간된 『여지도서(輿地圖書)』에도 숙릉과 주릉의 위치가 "개성 북교"로 나와 있다. 그러나 이후 정확한 위치가 소실된 것으로 보인다. 다만 두 왕릉의 주인공에 대해서는 이미 조선 후기부터 덕종(德宗)과 정종(靖宗)의 왕릉으로 추정되어 왔다.

2016년 발굴 이전 덕종의 숙릉(해선리 1릉)의 모습. 봉분이 내려앉고, 석조물이 어지럽게 방치된 상태로 왕릉이라고 보기 어려울 정도였다.

　그런 점에서 숙릉과 주릉의 발굴과 능주 확정은 200여 년 만에 이룬 '역사적인 쾌거'라고 평가할 수 있다. 다만 뚜렷한 근거가 제시되지 않아 앞으로 남북 학계의 상호 토론과 논증을 통해 확증 작업이 더 진행돼야 할 것으로 보인다.

　숙릉과 주릉은 개성시 해선리 소재에서 동북쪽으로 4km 정도 떨어진 매봉 남쪽 경사면에 250m 간격을 두고 동서로 나란히 조성돼 있다. 동쪽으로 3km 정도 떨어진 곳에 원종의 소릉이 자리하고 있고, 덕종과 정종의 부왕(父王)인 현종(顯宗)의 선릉(宣陵)이 남서쪽으로 3.5km 정도 떨어져 있다.

　2016년 발굴 초기 사진을 보면 봉분이 무너져 내리고, 석물이 여기저기 흩어져 있어 왕릉이라고 보기 어려울 정도였다. 특히 숙릉보다 주릉의

2016년 발굴 후 고려왕릉 묘제에 맞게 복원, 정비한 덕종의 숙릉 전경.

2016년 발굴 당시 덕종 숙릉의 봉분 입구(위)와 무덤칸 내부 전경(아래).

2016년 북한이 개성시 해선리에서 발굴한 고려 9대 덕종(德宗)의 무덤에서 출토된 고려청자 조각, 금동 활촉 등 유물들

상태가 더욱 퇴락한 모습이었다. 북한 학계가 그동안 '해선리 1릉', '해선리 2릉'으로 지칭한 이 무덤에 별 관심을 기울이지 않았던 것도 이처럼 무덤이 너무 망가져 있었기 때문이었을 것이다.

남향으로 조성된 숙릉의 능 구역은 화강석(화강암) 축대들에 의해 각각 3개의 구획으로 나뉘어져 있다. 1단에는 봉분과 일부 난간석이 남아 있고, 병풍석은 매몰돼 있는 상태였다. 2단에는 문관을 형상한 문인석이 좌우에 2상씩 있었지만 일부는 넘어져 있었다. 3단에서는 정자각(제당)터가 발견됐다.

숙릉 무덤칸(묘실) 천장은 5개의 큰 판석을 덮은 평천장이고, 다듬은 화강석으로 벽체를 쌓은 무덤칸의 크기는 남북 길이 3.77m, 동서 너비 3m, 높이 1.65~1.73m로 조사됐다. 숙릉의 무덤칸에서는 금동 활촉, 금동 장식판, 은 장식품들, 그리고 각종 청자기 조각 등의 유물들이 출토됐다.

## 특이한 양식의 정종 주릉

정종의 무덤으로 추정된 왕릉은 덕종의 무덤에서 북동쪽으로 250m 정도 떨어진 골짜기에 있다. 발굴 전 주릉은 봉분이 무너져 내리고, 석물이 여기 저기 흩어져 있는 등 숙릉보다 더 훼손된 상태였다. 발굴 초기 사진을 보면 '주릉'은 3단 구역으로 나눠져 있다.

1단에는 봉분과 난간석들이 일부 남아 있고, 병풍석은 대부분 묻혀 있었다. 2단에는 문인석 하나가 넘어져 있었고, 3단에는 정자각터가 남아 있다.

발굴 결과 무덤칸은 벽체를 정교하게 잘 다듬은 화강석으로 쌓았으며, 천정은 2개의 돌로 된 들보를 건너대고 13개의 판석을 덮은 평천장으로 되어 있었다고 한다.

무덤칸의 크기는 남북 길이 3.56m, 동서 너비 3.38m, 높이 2.2m로 조사됐다. 특히 다른 고려왕릉에서 볼 수 없는 새로운 건축 양식도 나타나 학계의 관심을 끌고 있다.

주릉의 무덤칸은 천정을 여러 개의 돌기둥으로 받치는 양식으로 조성됐는데, 이러한 형식은 5세기 후반 고구려 왕릉인 쌍영총과 비슷하다. 쌍영총도 2개의 8각 돌기둥이 천정의 들보를 받치고 있다. 이 같은 주릉의 무덤칸 내부 구조는 숙릉과 완전히 다른 양식이다.

주릉에서는 발굴 과정에서 다양한 고려청자 조각들이 출토됐다. 북한 고고학계에서는 무덤의 외부 건축 양식, 무덤칸의 규모와 축조 방식, 출토 유물, 『고려사』 등의 옛 문헌 기록에 기초해 새로 발굴한 '해선리 1릉'과 '2릉'을 덕종과 정종의 무덤으로 확증했다고 한다.

그러나 이 같은 북한 학계의 설명에도 논쟁점은 남아 있다. 숙릉과 주릉의 축조 양식이 크게 다른 것이 이유이다. 숙릉과 주릉의 축조 시기는 불과 12년 밖에 차이가 나지 않는다. 그런데 정종의 뒤를 이어 왕위를 계

2016년 발굴 이전의 정종 주릉(위)과 발굴 후 정비된 주릉의 전경(아래).

고려 10대 정종 주릉의 무덤칸 입구(위). 주릉의 무덤칸 내부 모습(아래). 천정에 화강암을 깎은 2개의 들보가 있고, 이를 지탱하는 2개의 기둥이 서 있어 다른 고려왕릉의 무덤칸에서 나타나지 않는 특이한 구조로 되어 있다.

2016년 북한이 개성시 해선리에서 발굴한 정종의 주릉에서 출토된 고려청자 조각들.

승한 동생 문종은 관례를 깨고 파격적인 무덤을 조성했을까? 더구나 주릉의 무덤 양식은 이후에는 전혀 나타나지 않는다.

북한 학계가 주릉이라고 발표한 왕릉을 정종의 무덤으로 최종 확정하려면 이러한 의문이 풀려야 할 것이다.

## 고려 천리장성을 완성한 덕종과 정종

고려 9대 덕종(德宗)과 10대 정종(靖宗)은 현종과 원성왕후 김씨(元成王后 金氏)사이에서 태어난 친형제 사이다. 덕종(1016-1034년, 재위: 1031-1034년)의 이름은 왕흠(王欽)이고, 1020년(현종 11)에 연경군(延慶君)에 봉해지고 1022년(현종 13)에 태자에 책봉됐다. 당시 그의 나이는 불과 7세였다. 1031년(현종 22) 5월에 현종이 사망하자, 그 뒤를 이어 중광전(重廣殿)에서 16세의 나이로 즉위하였다.

『고려사』에 따르면 덕종은 어려서부터 성숙했으며, 성격이 강인하고 결단력이 있었다고 한다. 좀 더 나이가 들어서는 기왓장을 밟기만 하면 깨어졌는데, 사람들은 이를 보고 왕의 덕이 무겁기 때문이라고 하였다.

그는 1032년(덕종 원년)에는 왕가도를 감수국사(監修國史)로, 황주량(黃周亮)을 수국사로 삼아 태조에서부터 목종(穆宗)에 이르는 7대의 사적을 36권으로 구성한 7대실록을 완성했으며, 1034년(덕종 3년)에는 양반 및 군인과 함께 한인(閑人)에게도 토지를 지급하는 것으로 전시과(田柴科)를 개정하였다. 한인은 고려 시대에 있던, 토호(土豪) 출신의 무인(武人)을 말한다.

그러나 덕종의 개혁정치는 재위 4년 만에 사망한 탓에 오래가지 못했다. 병에 걸린 덕종은 동생인 평양군 왕형(王亨) 즉, 정종(靖宗)에게 왕위를 계승케 하라는 유언을 남겼다. 그의 나이 19세였다.

고려 후기 유학자 이제현(李齊賢)은 덕종에 대해 "부모상을 당해서는 자식으로서 효성을 다하였고 정치를 함에 있어서는 아버지의 하던 일을 고치지 않았으며, 원로들인 서눌(徐訥)과 왕가도 그리고 최충(崔冲)과 황주량 등을 신임하여 서로 기만하는 일이 없었다고 하면서 그러한 결과로 백성들은 제각기 편안한 삶을 누릴 수 있었다고 하여, 시호에 덕을 붙이는 것은 당연한 일"이라고 평했다.

고려 10대 국왕인 정종(靖宗, 1018년~1046년, 재위 1034~1046년)은 현종의 둘째 아들로 이름은 왕형(王亨)이다. 『고려사』에 따르면 정종은 성격이 너그럽고 인자하며 부모에게 효성을 다하였고 형제간에는 우애가 있었으며, 식견과 도량이 크고 강단이 있어서 사소한 절차에 구애받지 않았다고 한다.

정종은 대외 관계에서 현안이던 거란(요나라)과 화친을 맺었다. 당시 국제정세가 거란을 중심으로 재편된 이상 고려도 더 이상 거란과 사소한 문제로 갈등을 지속할 필요가 없었다. 거란도 고려가 송이나 여진과 외교관계를 맺고 자국을 견제할 지 모르는 상황에서 더 이상 고려를 압박할 수는 없었다. 양국이 적당한 선에서 타협을 한 것이었다.

국무에 전념하던 정종은 1046년(정종 12) 4월 병에 걸렸다. 모든 관리들이 정종의 회복을 바라며 절에 가서 기도를 올렸다는 사실을 보면, 매우 심각했던 듯하다. 회복이 어렵다고 판단한 정종은 5월에 이복동생 휘(徽, 문종)를 불러 국정을 맡기고 사망했다.

덕종은 북방민족의 침입에 대비하여 1033년(덕종 2)부터 압록강 어귀에서부터 동해 도련포(都連浦, 함경남도 정평)에 이르는 석성(石城)을 쌓게 했고, 1000여 리(400km 가량)에 달하는 이 고려장성(천리장성)은 12년에 걸친 공사 끝에 정종 10년(1044년)에 완성된다.

고려는 성종과 현종 때 거란·여진 등 북방민족의 침입을 극복하면서 내부적으로 중앙집권적인 정치체제를 마련한 뒤, 덕종과 정종을 거쳐 문종에 이르면서 토지제도와 신분체제가 완비되어 황금기를 맞았다.

덕종비 경성왕후(敬成王后)의 질릉(質陵)과 정종비 용신왕후(容信王后)의 현릉(玄陵)은 위치가 소실되었는데, 소릉군 제3릉이 질릉이나 현릉일 가능성이 있다.

*11*

# 고려의 찬란한 문화 황금기 연
# 문종(文宗)의 경릉(景陵)

### 조선 시대에도 특별 관리됐지만 퇴락

# 박지원과
# 황진이 묘
# 가는 길

개성 남대문 앞 사거리에서 동쪽으로 가면 고려 도성을 둘러싼 개성성의 옛 숭인문(동대문) 자리가 나온다. 여기서 계속 동쪽의 장풍군 방향으로 난 도로를 따라 2km 쯤 가면 북쪽으로 '황토고개'라 불리는 언덕이 나오고, 이 언덕 아래에 조선후기 대표적인 실학자이자 열하일기(熱河日記)의 저자인 연암(燕巖) 박지원(朴趾源)의 묘가 자리잡고 있다.

그의 묘는 일제 강점기를 거치면서 소실됐다가 1959년 비석이 발견되면서 위치가 확인됐고, 2000년에 북한이 봉분을 새로 쌓고, 비석과 석물 등을 정비했다.

1999년 4월 김정일 국방위원장이 개성지역의 군부대를 방문한 자리에서 "우리나라 역사를 빛낸 명인들을 다 잊은 것 같은데 부대 주둔 구역 안에 있는 역사 유적과 유물을 잘 보존하고 관리하여야 한다"고 지시한 것이 계기가 되어 인근의 박지원 묘와 황진이(黃眞伊) 묘가 다음해에 복원, 정비됐다고 한다.

황진이 묘는 박지원 묘에서 동쪽으로 5km 정도 더 가면 있다. 조선 중기의 기생이던 황진이는 "내 평생 성품이 분방한 것을 좋아했으니, 죽거든 산 속에다 장사 지내지 말고 큰길가에 묻어 달라"고 유언했다고 한다. 유언대로 그의 무덤은 개성에서 장풍군으로 가는 도로 바로 옆에 자리잡고 있다.

황진이 묘 뒤쪽 산봉우리 남쪽 기슭에는 고려 15대 숙종(肅宗)의 영릉

개성시 은덕동 황토고개 아래 있는 조선 후기 실학자 연암 박지원의 무덤(위)과 개성시 선적리 숙종 영릉 인근에 있는 황진이의 무덤(아래) 전경.

(英陵)이 자리잡고 있다. 여기서 북동쪽으로 봉우리 하나를 넘어 2km 정도 떨어진 곳에 숙종의 부왕(父王)인 고려 11대 문종(文宗)의 무덤인 경릉(景陵)이 있다. 숙종은 문종의 셋째 아들이다.

## 고려의 황금기를 열다

경릉은 해발 400~500m의 비교적 높은 골짜기(경릉골)에 위치하고 있으며, 북쪽으로 선적저수지와 광종 때 세운 불일사(佛日寺)터가 있다.

조선의 명군(明君)으로 세종(世宗)이나 영조(英祖), 정조(正祖)가 손꼽힌다면, 고려의 명군으로는 문종을 들 수 있다. 그의 치세는 고려인들이 태평성대라 불렀음은 물론, 송나라에서도 문종이 훌륭한 임금이었음을 기록하였다. 문종은 고려의 11대 임금으로 8대 현종(顯宗)의 셋째 아들이고, 이름은 왕휘(王徽)이다.

현종 사후 차례로 즉위한 덕종(德宗)과 정종(靖宗)의 이복동생으로, 형인 제10대 정종(靖宗)에게 아들이 있었지만, 형제 상속의 형태를 취해 1046년(정종 12) 왕위를 계승했다. 현종의 세 아들이 차례로 왕위에 오른 셈이다.

문종 때 고려는 문물제도가 크게 정비되어 흔히 이 시기를 고려의 황금기라고 평가한다. 문종은 신라 문화를 계승하는 동시에 송나라 문화를 수용해 창조적 고려 문화를 형성함으로써 불교·유교를 비롯해 미술·공예에 이르기까지 문화 전반에 걸쳐 큰 발전을 이뤘다.

고려 말의 유학자인 이제현(李齊賢)은 "현종·덕종·정종·문종은 아버지가 일으키고 아들들이 계승하며, 형이 죽으면 아우가 뒤를 이어서 시작에서 끝이 거의 80년이고, 가히 전성기라 이를 만하다"라고 평했다.

문종은 몸소 절약에 힘쓰고, 현명하고 재주 있는 자들을 등용하였으며, 백성을 사랑하고 형벌을 신중하게 하였고 학문을 숭상하고 노인을 공경

개성시 선적리 산 중턱에 있는 고려 11대 문종의 무덤인 경릉 전경(위). 문종 경릉의 전면 모습
(아래). 현재 보존유적 제570호로 지정되어 있다.

문종 경릉의 후면(위)과 서쪽 측면 전경(아래).

했다고 한다. 이제현은 "대창(大倉)의 곡식이 계속해서 쌓이고 쌓였으며 집집마다 넉넉하고 사람마다 풍족하니, 당시 사람들이 태평성세라 불렀다"고 썼다.

송(宋)은 매년 왕을 포상(褒賞)하는 글월(命)을 보냈으며, 요(遼)는 해마다 왕의 생일을 축하하는 예식을 행하였다. 동쪽 일본(倭)은 바다를 건너와 진기한 보물을 바쳤고, 북쪽 맥인(貊人)은 관문(關門)을 두드려서 토지를 얻어 살게 되었다"라며 문종의 치세(治世)를 높이 평가했다.

문종은 1019년(현종 10년)에 태어나 1083년(문종 37년)에 사망했다. 어머니는 원혜태후(元惠太后) 김 씨였다. 65세에 사망했으니 장수한 셈이다. 자녀로는 그를 이어 즉위하는 순종(順宗)과 선종(宣宗), 숙종(肅宗) 등 여럿을 두었고, 천태종(天台宗)을 개창한 대각국사(大覺國師) 의천(義天) 역시 그의 아들이다.

『고려사』에 "왕이 1083년(문종 37년) 7월 신유일(辛酉日)에 죽자 8월 불일사 남쪽에서 장례를 지내고 경릉이라 하였다"라고 기록되어 있다. 현재 행정구역상 개성시 선적리(옛 경기도 장단군 진서면 경릉리)이다.

## 여러 차례 도굴 기록

경릉은 조선 시대에 들어와서도 고려에 공덕이 많은 왕으로 여겨 특별히 '숭의전'에 배향하여 제사를 드렸으며, 능 또한 특별히 관리했다. 그러나 경릉은 1904년에서 1906년(광무 10년) 사이에 다른 고려왕릉들과 함께 여러 차례에 걸쳐 도굴되었다. 이에 조정에서 이를 수리하고 치제(致祭)하도록 했다는 내용이 『고종실록』에 자주 등장한다.

1910년대에 촬영된 사진을 보면 난간석의 일부가 소실되고, 정자각도 사라진 것이 확인된다. 2019년 가을에 촬영한 사진과 비교해 보면 외형상 크게 달라지지는 않았다. 다만 조선 고종 때 세운 능비는 사라졌고, 2

문종 경릉 동쪽에 있는 난간석과 석수(위 왼쪽). 경릉 서쪽에 남아 있는 난간석과 석수(위 오른쪽). 상부가 깨져 나간 문종 경릉의 동쪽 석인상.

단의 문인석은 두 동강 나 윗부분이 사라졌다.

능역은 남향으로 조성됐고, 원래 3단으로 조성됐으나, 현재는 봉분이 있는 1단만 원형을 유지하고 있고 2단에는 위 부분이 잘려나간 문인석 3개만 남아 있다. 1963년 북한 학계의 조사로는 봉분 주위에 곡장(무덤 뒤에 둘러쌓는 담)이 130cm 높이로 둘려져 있었다고 했는데, 지금은 일부 흔적만 남아 있다.

1963년 조사 당시 봉분의 높이는 2.3m, 폭은 8m였다. 1982년 북한 사회과학원 고고학연구소의 발굴 결과에 따르면 무덤칸의 크기는 가로 3.63m, 세로 2.9m, 높이 2.25m이다. 무덤칸의 내부에는 회칠을 하고 벽화를 그렸는데, 벽화가 희미하게 남아 있었다. 천정에는 별들이 그려져 있고, 바닥 중심에 관대가 있었다고 한다. 발굴 과정에서 도금 활촉 4점, 도금 장식품 1점, 옥장 식품 1점, 지석 10여 점, 관 못, 고려자기 조각들이 나왔다.

문종의 경릉은 개성 남대문에서 동쪽으로 10km, 판문점에서는 북쪽으로 불과 6km 거리에 있다. 인근의 숙종의 영릉, 박지원 묘, 황진이 묘 등을 함께 답사할 수 있는 날을 기대해 본다.

# 12

# 문종의 두 아들이 묻힌
# 순종의 성릉(成陵)과 선종의 인릉(仁陵)

### 단명과 장수, 엇갈린 운명

# 가장 오랜 태자 생활
# 가장 짧은 재위 기간

 개성에서 남동쪽에 있는 옛 고남문 터를 지나 용수산을 넘으면 고남리다. 여기서 남쪽으로 가는 길은 두 갈래로 나뉜다. 오른쪽 길로 가면 개성시 개풍구역 풍덕리가 나오고, 왼쪽 길로 가면 판문구역 조강리로 이어진다. 조강리는 한강과 통한다. 조강리는 한강의 조수가 드나드는 강이라

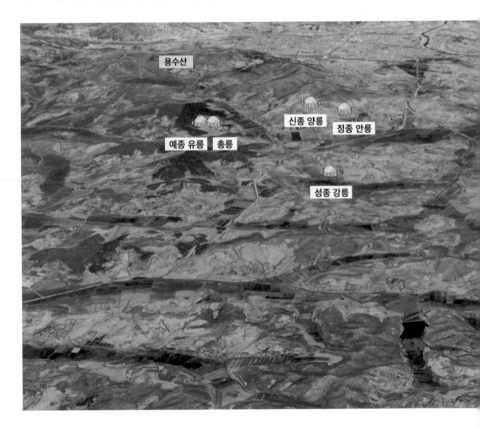

하여 붙은 이름으로, 한강을 사이에 두고 김포시 월곶면과 마주한다.

고남리의 두 갈래 길에서 왼쪽 길로 4.5km 정도 남쪽에 고려 12대 순종(順宗)의 왕릉인 성릉(成陵)이 자리잡고 있다. 고려 재위 왕들의 왕릉 중에서는 가장 남쪽에 위치한다.

순종은 고려 역사를 통틀어 재위 기간이 가장 짧은 왕이다. 그는 문종(文宗)의 장남으로, 어머니는 인예태후(仁睿太后) 이 씨(李氏)이다. 그가 왕태자로 책봉된 것은 8세 때인 1054년(문종 8) 2월이었다.

문종은 왕훈(순종)의 태자 책봉을 거란 등에 사신을 보내 대외적으로 널리 알리고 공인 받았다. 문종은 대내적으로도 왕훈의 위상에 상당한 신

개경 도성 남쪽에 조성된 왕릉 위치도

개성시 진봉리 진봉산 남서쪽에 있는 고려 12대 순종의 무덤인 성릉 전경. 남쪽에는 보존유적 568호로 알려져 있지만 무덤 표석에는 569호로 돼 있다.

경을 썼다. 1056년(문종 10) 9월에는 왕훈에게 여러 종친들 및 신하들과 함께 하는 잔치를 주관하도록 했고, 10월에는 태묘(太廟)에 배알하도록 했다. 신하들과 잔치를 열 때에도 태자와 동석했다는 기록이 다른 왕대와 비교하여 유독 자주 등장한다. 1078년(문종 32)에는 송(宋)에서 온 사신 단을 인도하는 임무를 명하기도 하였다.

순종의 태자 활동은 문종의 오랜 재위 기간으로 다른 왕 때보다 상대적으로 길었다. 왕훈은 이렇게 오랫동안 태자로 있으면서, 어려서는 문종의 보살핌을 많이 받았고, 장성해 부왕(父王)을 보필하며 정치 경험을 쌓았다. 문종은 1083년(문종 37) 7월에 병이 심해지자 왕위를 태자에게 넘기고 곧 사망했다. 마침내 왕훈은 고려의 12대 국왕으로 즉위한다.

그러나 순종은 젊어서부터 병이 있었고, 부친의 상을 치르며 더욱 심해졌다고 한다. 결국 즉위한 지 4개월 만에 동생 왕운(王運)에게 왕위를 전

순종 성릉의 측면 전경

하고 사망한다. 그의 나이 37세 때였다. 지금보다 평균 수명이 짧았던 것을 감안하더라도 이른 죽음이었다. 오랜 세월 태자로서 국왕이 되기 위한 수업을 받았지만 그의 재위 기간은 너무 짧았다.

순종의 능호는 성릉(成陵)이다. 『고려사(高麗史)』에 따르면 순종은 나성(羅城) 남쪽에 묻혔다. 『신증동국여지승람』에 진봉산(進鳳山) 남쪽 양양현(壤陽峴)에 있다고 기록돼 있다. 현재 행정구역상 개성시 진봉리다.

무덤이 있는 곳은 '왕릉골'이라 부르며 낮은 능선 위에 있고, 진봉산 북쪽 능선에 있는 고려 5대 경종(景宗)의 영릉(榮陵), 남쪽으로 6대 성종(成宗)의 강릉(康陵) 인근에 자리잡고 있다.

재위 기간이 짧아서일까. 성릉의 묘역은 협소하고 조선 시대에도 관리가 잘 되지 않은 듯하다. 봉분의 높이는 약 1.6m이고 직경은 약 8m이다. 현재 봉분이 있는 1단에는 2개의 석수(石獸)만 확인된다.

순종 성릉의 1단 서쪽에 있는 석수와 동쪽에 있는 석수(위). 성릉의 2단 서쪽에 있는 석인상(아래). 모두 머리 부분이 깨져 없어졌다.

2단은 석축이 무너져 내려 원래 형태가 남아 있지 않고, 머리 부분이 잘려나간 1쌍의 문인석만 남아 있다. 일제 강점기 조사 때 문인석이 넘어진 채 방치된 것을 북한이 묘역을 정비하면서 좌우에 세워놓은 것이다. 조사 과정에서 위쪽에 큰 도굴 구멍이 하나 뚫려 있었고, 정자각터에도 초석 몇 개만 있었다고 한다.

1910년대에 촬영된 사진을 보면 무덤 앞에 조선 시대 때 세운 비석이 반 토막 난 채로 세워져 있었지만 현재는 그나마 없어진 것이 확인된다. 남쪽 학계에는 성릉이 보존유적 568호로 알려져 있는데, 현재 표석에는 보존유적 569호로 기록돼 있다.

## 북한, '고읍리 제2릉'을 선종 무덤으로 발표

재위 4개월 만에 순종이 사망하자 그의 동생 왕운(王運)이 왕위를 계승했다. 고려 13대 선종(宣宗, 1049년~1094년)으로 40년 넘게 통치한 왕이다. 선종은 부왕인 문종(文宗)부터 16대 예종까지 이르는 고려의 전성기에 징검다리 역할을 한 군왕으로 평가된다.

그는 거란, 여진과의 대외관계를 원만하게 관리하고 송(宋)의 문물을 받아들여 문화 수준을 한층 높였다. 불교를 신봉해 1089년(선종 6년) 회경전(會慶殿)에 13층 금탑(金塔)을 세웠으며, 대각국사 의천(義天)이 교종과 선종의 통합을 위하여 추진한 천태종 본산 국청사(國淸寺)의 건설을 시작하여 이듬해 완성시켰다. 다만 계속된 토목공사로 백성들이 고통스러워했다고 한다.

능은 개성 도성의 동쪽에 있으며 능호는 인릉(仁陵)이다. 인릉의 위치는 명확하지 않다. 부왕인 문종의 경릉(景陵)에서 동쪽에 있는 배룡산(390m) 남쪽 궁릉골 주변에는 현재 100여 기 이상의 무덤이 흩어져 있는데, 북한은 그 중 2개의 무덤을 고려 중기의 왕릉으로 추정하고 있다.

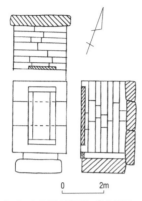

고읍리 2호 돌칸 흙무덤 내부 구조
실측도

북한이 선종의 인릉이라고 발표한 '고읍리 제2릉' 전
경. 새로 정비 후 국보유적 제201호로 지정됐다.

현재 행정구역상으로는 황해북도 장풍군 고읍리다.

북한 사회과학원 고고학연구소는 1994년 '고읍리 2호 돌칸흙무덤'('고
읍리 제2릉')이라고 명명한 무덤을 발굴했고, 2000년에 이 무덤이 고려
13대 선종의 왕릉이라고 발표했다. 북한은 "학자들이 고려사, 중경지(中
京誌) 등의 고문헌을 토대로 고읍리 고분군 현지를 답사하고, 무덤 내 구
조물 짜임새와 판석·판돌 규모, 출토된 유물 등을 분석해 이 같은 사실을
과학적으로 고증했다"고 밝혔다.

'고읍리 제2릉'은 '고읍리 제1릉'에서 서쪽으로 1km 정도 떨어진 이웃
한 골짜기에 자리잡고 있다. 이 왕릉의 무덤구역은 동, 서, 북의 삼면이
돌담으로 둘러져 있고, 동서방향으로 쌓은 화강암축대에 의해 3개의 구
획으로 나눠져 있다. 남북 길이는 37.5m, 동서 너비는 18m이다.

무덤 구역의 제일 높은 곳에 위치한 1단에는 봉분과 돌난간, 석수, 망주
석 등이 배치되어 있다. 봉분 병풍석은 거의 없어지고 면돌 1개만이 남아
있다. 봉분의 지름은 6m이고, 높이는 2m이다.

망주석은 봉분 앞 좌우에 각각 1개씩 세워졌다. 2단에는 문인석이 좌우

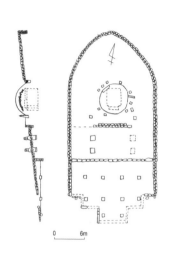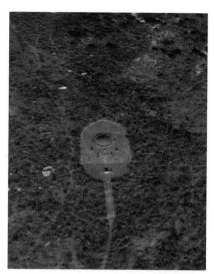

고읍리 2호 돌칸 흙무덤 외부 구조 실측도와 위성 사진

에 2개씩 세워져 있었지만 현재는 왼쪽에 2개의 문인석만 남아 있다. 문인석은 형상이나 가공 방법 면에서 '고읍리 제1릉'과 유사하다. 3단에 있던 정자각은 사라지고 주춧돌만 남아 있다.

무덤칸은 길이 3.44m, 너비 2.8m, 높이 2.18m이며, 관대(棺臺)는 길이 2.8m, 너비 1.4m, 두께 0.16m로 조사됐다. 북한 학계는 "인릉은 관대의 너비가 1.4m로 다른 왕릉보다 훨씬 크다는 점이 특이하며, 이는 인릉이 부부 합장묘임을 의미한다"라고 밝혔다.

그러나 남한 학계에서는 왕릉에 부장된 시책(옥책)이 나오지 않았기 때문에 이 왕릉이 인릉인지 확증할 수 없다고 평가한다. 실제로 발굴 당시 이 왕릉에서는 청자보시기 1개와 백자 조각 2개가 나왔을 뿐 다른 유물들은 이미 도굴 당한 상태였다. 북한은 고읍리2릉을 발굴한 후 묘역을 재정비하고, 이 왕릉을 국보유적 제201호로 지정했다.

*13*

# 헌종의 은릉(隱陵)으로 추정되는
# '경릉군 제2릉'

### 남쪽 학계가 주목하지 않았던 왕릉 새로 발굴

# 조선 시대 때부터
# 기록에 나오는
# '경릉군 2릉'

선종이 죽자 아들 왕욱(王昱)이 11살의 나이로 왕위에 올랐다. 고려 14대 헌종(獻宗, 1084-1097)이다. 그는 "성품이 총명해 아홉 살 때부터 글과 그림을 좋아했으며 한번 보고 들은 것은 잊어버리는 일이 없었다"(『고려사』 헌종 총서)고 기록되어 있지만 어리고 병약했다. 즉위 초부터 병석 생활이 잦아지자 모후인 사숙태후가 수렴청정(垂簾聽政)을 했다.

즉위 다음해인 1095년 헌종의 외삼촌인 이자의(李資儀)가 조정의 혼란한 틈을 타 헌종의 이복동생을 왕으로 삼으려는 목적으로 반란을 도모했다. 이 반란이 계림공(후에 고려 15대 숙종) 세력에 의해 진압되자 조정의 실권은 계림공에게 넘어갔다. 결국 그해 11월 선종은 "임금 노릇하기가 어렵다는 것을 늘 생각하고 있었다. 내 생각에는 나의 숙부 계림공에게로 대세가 기울어져서 신인들이 모두 그를 돕고 있는 듯하다. 아! 너희들은 그를 받들어 국가의 위업을 맡게 하라"란 내용의 양위조서(讓位詔書)를 발표하고 왕위에서 물러났다. 그리고 상왕이 된지 1년 4개월여 만에 사망했다.

헌종이 묻힌 은릉(隱陵)은 개성 도성 동쪽에 있다고 기록돼 있지만 정확한 위치를 알 수 없는 상태이다. 조선 시대 때 출간된 『송도지』에는 고려 왕릉 34기의 능호와 위치가 기재되어 있는데, 이 책에는 헌종의 은릉이 "송림현(松林縣) 불정(佛頂)"에 있다고 기록되어 있다. 문종의 경릉과 숙종의 영릉이 조선 현종 때 작성된 『여조왕릉등록(麗朝王陵謄錄)』에 "장단부 송남면"에 있는 것으로 기록된 것으로 볼 때 헌종의 은릉은 문종의 경릉 근처에 있었던 것으로 보인다.

『고려사』지리지와 조선 시대 기록을 보면 송림현은 고려 광종 때 불일사(佛日寺)가 창건되면서 중심지를 개경 동북쪽으로 이전했으며, 그 뒤 장단현(長湍縣)이나 장단도호부 관할 아래 있다가 동북쪽에 있던 임강현(臨江縣)과 합쳐져 장림현(長臨縣)이 됐다. 이후 장단군 송남면과 송서면으로 바뀌었고 1914년 군면(郡面) 통폐합 때 진서면(津西面)으로 통합됐다. 이렇게 볼 때 은릉이 있었다는 "송림현 불정"은 송림현에 있는 불일사 인근을 지칭하는 것으로 보인다.

『신증동국여지승람』에는 숙종 영릉이 "송림현 불정원(佛頂原)"에 있다고 기록되어 있다. 불일사에서 영릉까지는 직선거리로 남서쪽 약 2.8km 정도 떨어져 있다.

## 기록상 헌종 은릉이 유력

그렇다면 헌종은 어디에 묻혀 있을까? 『고려사』에 도성 동쪽에 장사지냈다는 기록을 토대로 추론해 보면 선종 인릉(고읍리 제2릉) 동쪽에 있는 고읍리 제1릉일 가능성이 있다. 부왕의 왕릉에서 걸어서 1km 정도 떨어진 지점에 나란히 왕릉이 조성됐을 가능성이 있는 것이다. 그러나 '고읍리 제1릉'은 숙종 사후에 만들어진 왕릉이라는 것이 확인됐기 때문에 숙종 때 조성된 헌종의 은릉이라고 보기 어렵다.

그렇다면 방위상 개성 동쪽에 남아 있는 다른 왕릉 중에서 찾아야 할 것이다. 현재 개성 동쪽에 있는 왕릉 중에서 능주가 확인되지 않은 두 개의 왕릉이 있다. 개성시 선적리 문종 경릉 인근에 있는 '경릉군 제2릉'과 '제3릉'이다. 이 왕릉들은 일제 때 '경릉리 2릉', '경릉리 3릉'이라고 지칭됐다. 당시 행정구역상 진서면 경릉리에 속하는 지역이었기 때문이다.

그동안 이 두 왕릉에 대해서는 남한 학계에서 주목하지 않았지만 북한에서는 '경릉떼 2릉', '경릉떼 3릉'이라고 지칭한다. 이 중에서도 일제 강점기 때 촬영된 사진을 통해 추정해볼 때 '경릉군 2릉'이 헌종 은릉일 가능성이 크다. 문종왕릉 옆에 존재한 왕릉에 대해서는 조선 시대 기록에서도 확인된다.

'경릉군 2릉'은 문종 경릉에서 동북쪽으로 500m 정도 떨어져 있으며, 남북으로 뻗은 나지막한 구릉지 끝에 자리잡고 있다. 이 능에서 서쪽으로 150m 정도 떨어진 곳에 '경릉군 3릉'이 있고, 서북쪽으로 2km 떨어진 곳에 951년에 세워진 불일사터가 있다. 능역이 크게 훼손되어 전체 구조를 알 수 없지만 1단의 봉분은 원형에 가깝게 남아 있고, 일부 병풍석과

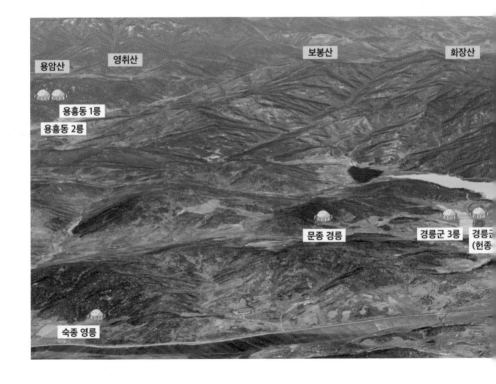

석조물이 확인된다.

북 사회과학원 고고학연구소는 이 능을 2016년 10월에 발굴했다. 발굴 당시 봉분의 동쪽과 서쪽, 북쪽 부분에 도굴 구멍이 나 있었고, 홍수로 축대가 거의 없어진 상태였다. 무덤의 제일 아래 구획에 설치되었던 정자각터도 흔적만 남아 있었으며, 무덤의 벽체와 천정도 일부 손상되어 있었다. 흔적으로 판단해볼 때 3단으로 조성된 무덤 구역은 남북 길이 40m, 동서 너비 18m 정도로 추정됐다.

1단의 중심에는 봉분이 자리잡고 있는데, 크기는 남북 길이 9m, 동서 너비 8m, 높이 3m 정도다. 봉분의 밑 부분에 12각형의 병풍돌 시설이 설치되어 있고, 각 면돌에는 방위별로 12지신상이 선명하게 새겨져 있어

개성 도성 동쪽에 배치된 왕릉들의 위치도

1910년대에 촬영된 경릉군 제2릉(위 왼쪽)과 경릉군 제3릉(위 오른쪽). 현재 경릉군 제2릉 전경(아래 왼쪽)과 내부 벽면 상태(아래 오른쪽).

이 능은 왕릉임이 확실하다.

2단의 동서 양쪽에는 문관복 차림의 석인상이 2쌍씩 세워져 있었으나 모두 넘어진 상태였고, 서쪽에 있는 석인상 하나는 머리 부분만 남아 있다. 3단에 있던 정자각은 길이 나면서 사라졌고 주춧돌만 여러 개 남아 있다.

반지하에 마련된 무덤칸의 크기는 남북 길이 4.2m, 동서 너비 1.95m, 높이 2.3m이다. 무덤칸 바닥 중심부에 관대가 놓여 있는데, 3개의 화강석을 조립해 만들었으며, 크기는 길이 2.1m, 너비 80cm, 높이 24cm로

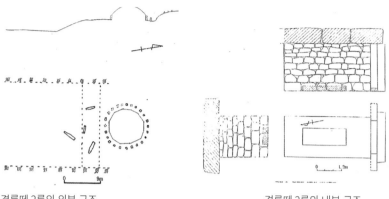

경릉떼 2릉의 외부 구조　　　　　　　경릉떼 2릉의 내부 구조

조사됐다.

　유물로는 3점의 도기 조각들과 자기, 쇠 장식품, 철제 인두 등이 출토
됐다.

　헌종은 11세의 어린 나이로 선종의 뒤를 이어 왕위를 계승했지만 재위
1년 5개월 만에 숙부인 계림공 왕희(王熙, 15대 숙종)에게 양위했다. 그
는 상왕으로 물러난 지 2년이 안 된 1097년 14세의 어린 나이로 죽었다.
헌종이 죽자 숙종은 '회상'이라는 시호만 올렸을 뿐 묘호는 올리지 않았
다. 숙종이 죽고 예종이 즉위하면서 비로소 헌종이라는 묘호가 올려졌다.

# 14

# 부국강병을 꿈꾼
# 숙종의 영릉(英陵)

### 발굴과 묘역 정비 후 국보유적으로 격상

# 조선 시대 때부터
# 숙종릉으로
# 기록


2017년 북한은 개성시 선적리에서 고려 제15대 국왕 숙종(肅宗)의 능으로 전해오는 왕릉을 발굴한 후, 이 왕릉이 숙종의 영릉(英陵)으로 확증됐다고 발표했다.

『고려사(高麗史)』에 따르면, 고려 제15대 숙종은 1105년(숙종 10년) 10월 기축일에 승하하여 개성 동쪽 송림현(松林縣)에서 장례 지냈다고 한다. 그러나 송림현이 어디인지가 불분명하다. 16세기에 편찬된 『신증동국여지승람』에도 위치가 표시되어 있지 않다.

1662년 임진왜란과 병자호란 후 조선 현종(顯宗) 3년에 고려왕릉에 대한 실태 조사를 했는데, 당시 숙종의 영릉에 대해서는 "능토가 훼손되지 않았고, 사면 석물 대부분이 유존하며, 정자각과 곡장 역시 대부분 남아 있다"라고 기록되어 있다.

또한 조선 후기 순조(純祖) 18년(1818년)에 고려왕릉 중 능주와 그 소재가 확실한 30기에 표석(表石)을 세우고, 능주를 모르는 왕릉급 능묘에는 번호를 매겼다는 기록이 남아 있다. 1910년대에 일제가 고려왕릉을 조사할 때만 해도 이때 세운 표석이 남아 있었고, 여기에는 '고려 숙종 영릉'이라고 쓰여 있었다.

이 기록들을 통해 볼 때 능주와 위치가 불확실한 상당수 고려왕릉과 달리 숙종의 영릉은 조선 후기에도 어느 정도 관리가 됐고, 정확한 위치 또한 파악하고 있었던 것으로 추정된다.

1910년대에 촬영된 고려 15대 숙종의 영릉 전경. ⓒ국립중앙박물관

　1916년에 나온 일제의 발굴 보고서에 따르면 당시 행정구역상 경기도 장단군 진서면 판문리 구정동에 있는 영릉은 심하게 황폐되었고, 봉분의 높이는 약 1.8m, 좌우 너비는 약 2.7m였다고 한다.

　능 구역은 협소해졌고, 봉분의 병풍석(屛風石)은 이미 없어졌다. 그 앞에 조선 시대에 건립한 표석이 서 있고, 석인(石人) 2쌍과 석수(石獸) 1쌍이 남아 있었다.

　한 가지 의아한 점은 북한 학계가 지난 70여 년 동안, 이 왕릉에 주목하지 않았고, 발굴도 하지 않았다는 것이다. 2002년 발간된 『개성의 옛 자취를 더듬어』에도 고려왕릉을 소개하면서 숙종의 영릉 위치는 파악하지 못한 것으로 서술되어 있다. 2017년 북한 학계의 발굴이 해방 후 처음으로 진행된 셈이다.

개성시 선적리에 있는 15대 숙종의 무덤
인 영릉(英陵) 전경.

2017년 북한은 북한 개성직할시 선적리에 있는 고려 15대 숙종(肅宗)의 무덤으로 전해지는 영릉(英陵)을 발굴하고, 영릉으로 확증됐다고 발표했다. 사진은 발굴 당시의 영릉(위쪽)과 발굴 뒤 복원된 영릉의 모습이다.

## 복원된 숙종왕릉을 둘러싼 의문점들

이 무덤은 현재 행정구역상으로 개성시 선적리 소재지로부터 서쪽으로 3km 정도 떨어진 나지막한 산 경사면 중턱에 자리잡고 있다. 조선 중기 명기(名妓)로 알려진 황진이 묘와 가깝고, 부왕(父王)인 문종(文宗)의 경릉(景陵)에서 남서쪽으로 2km 정도 떨어져 있다.

능 구역은 남북 길이 29m, 동서 너비 13m 정도로, 동서 방향으로 놓인 4개의 축대가 확인되고, 3개의 구획으로 조성됐다. 이중 북쪽의 1단에는 무덤칸(묘실)과 봉분 기단 시설, 봉분 둘레에 둘러놓은 담장 시설(곡장)이 확인됐다고 한다.

무덤칸(묘실)은 잘 다듬은 화강석 통돌을 2단으로 쌓아 남북 길이 3m, 동서 너비 1.2m, 높이 1.6m로 구성된 반지하식 구조물로 확인됐다. 무덤칸과 능 주변에서는 몇 가지 유물도 출토되었는데, 금박을 입힌 목관 껍질 조각들과 고려 시대의 청동 숟가락 꼭지, 용무늬 암키와막새와 봉황새 무늬 수키와막새, 용머리 모양 잡상(지붕 장식기와의 일종) 조각이 발견됐다고 한다. 해당 유물들에 대해 북측은 "왕릉으로서의 성격과 시기적 특징을 보여 준다"고 평가했다.

북한 학계는 이 유물들을 근거로 이 왕릉이 숙종의 영릉이라고 단정했다. 류충성 영릉 유적조사발굴대 대장은 "영릉으로 보게 된 것은 여기서 나온 봉황새 무늬 막새와 용머리 잡상 조각 등이 바로 고려의 왕궁터인 만월대에서 나온 것과 똑같기 때문"이라고 밝혔다.

발굴이 끝난 후 북한은 고려왕릉의 조성 양식에 맞게 묘역을 정비했다. 2019년에 촬영된 사진을 보면 3단에 있던 2개의 석수(石獸)를 1단 봉분 옆으로 옮기고, 봉분 3면에 곡장(曲墻)을 복원한 것이 확인된다. 2단과 3단에는 문인석(文人石)과 무인석(武人石)을 각각 배치했다.

그런데 복원된 숙종 영릉은 여러 논쟁거리를 던졌다. 첫째는 봉분 밑을

후면에서 본 숙종 영릉 전경(위)과 서쪽 측면 전경(아래). 영릉 앞으로 보이는 도로를 따라 오른쪽(서쪽)으로 조금 가면 조선 시대 명기 황진이의 무덤이 있고, 왼쪽(동쪽)으로 가다 북쪽으로 올라가면 숙종의 부왕(父王)인 문종의 경릉이 나온다.

두르고 있는 병풍석이 하나도 나오지 않았다는 점이다. 고려왕릉의 가장 큰 특징 중의 하나가 12석으로 두른 병풍석인데, 병풍석이 한 조각도 발견되지 않아 이 무덤을 왕릉으로 보기 어렵다는 문제제기가 가능하다. 다만 조선 후기부터 이 왕릉은 숙종 영릉으로 파악됐고, 다른 고려왕릉 중에서도 병풍석이 모두 훼손된 것이 있기 때문에 이 왕릉을 숙종 영릉으로 확정해도 큰 무리는 없다.

둘째는 북한은 이 무덤을 3개 구획으로 조성된 왕릉으로 파악했는데, 3단 아래에 정자각이 있었을 가능성을 고려한다면 3단이 아니라 4단으로 조성된 왕릉이라는 점이다. 실제로 숙종 전후에 조성된 다른 왕릉은 이 무덤처럼 2단과 3단을 가로지르는 화강암 축대를 설치하지 않고 대체로 2단에 문인석 4개를 설치했다.

이 왕릉이 숙종의 영릉이 틀림없다면 고려왕릉 중 처음으로 4단 구조로 조성된 사례가 된다. 다만 발굴 당시의 사진을 보면 2단과 3단 사이에 놓인 화강암 장대석들은 2단과 3단 사이에 쌓은 게 아니라 3단에 쌓은 것으로 판단할 수 있어 좀 더 세밀한 검토가 필요한 상황이다.

셋째는 문인석과 함께 무인석이 세워져 있다는 점이다. 발굴된 무인석들은 손에 장검을 쥐고 있는 것으로 형상되었으며 그 높이는 2.1m 정도로 문인석보다 조금 작다. 통상 고려왕릉에서 무인석이 등장하는 시점은 무신정권 이후 시기라는 점에서 여러 해석이 가능할 것으로 보인다.

숙종 영릉에서 나타난 다소 이색적인 특징들은 향후 남북관계가 개선될 경우 남북의 역사학계와 고고학계가 함께 종합적으로 논의해야 할 필요가 있는 대목들이다.

특히 최근 촬영된 사진을 통해 북한이 발굴 후 영릉을 국보유적 제36호로 새로 지정한 사실이 처음으로 확인됐다. 기존에 북한의 국보유적 제36호였던 동명왕릉은 국보유적 제15호로 변경되었다.

숙종 영릉의 서쪽에 세워진 문인석과 무인석(위). 영릉의 동쪽에 세워진 문인석과 무인석(아래).

북한은 최근 발굴된 역사유적을 새로 국보유적으로 지정하는 작업을 꾸준히 진행해왔다. 북한은 백두산 기슭에서 발견된 '룡신비각'을 2000년대에 국보유적 제195호로 추가 지정했고, 이후 2010년대에 발굴한 '옥도리 고구려벽화 무덤'과 '태성리 3호 고구려벽화 무덤', 2018년 강원도 판교군에서 발굴한 '광복사터', 2019년 새로 발굴한 고려 태조 왕건의 조모 원창왕후의 무덤인 온혜릉과 평양시 강동군 향목리동굴 등을 새로 국보유적으로 지정한 바 있다.

숙종의 영릉이 국보유적 제36호로 확인됨에 따라 북한이 단순히 추가만 한 것이 아니라 국보유적에 대한 재평가에 따라 국보유적 지정체계를 개편했을 가능성이 크다.

## 친조카를 폐위하고 왕에 오르다

영릉의 주인공인 숙종은 1054년(문종 8)에 문종의 셋째 아들로 태어났고, 고려 12대 순종, 13대 선종의 동생이다. 그는 부지런하고 검소하며 과단성이 있고, 오경(五經)·제자서(諸子書)·사서(史書) 등에 해박했다고 한다. 문종의 큰 기대를 받아 "뒷날에 왕실을 부흥시킬 자는 너다"라는 평을 받았다. 그는 친조카인 헌종(獻宗)이 어린 나이로 즉위한 지 1년 만에 왕위를 물려받아 1095년에 즉위하였다.

이 시기 고려 사회는 북방에서는 여진족의 세력이 나날이 커지며 급부상하고 있었고, 나라 안으로는 인주(仁州) 이(李) 씨를 필두로 한 외척 문벌 귀족의 부패와 향락으로 인해 사회적 모순이 심화하고 있었다.

이러한 상황에서 숙종은 문벌귀족인 이자의(李資義) 일파를 제거하고, 조카를 폐위하고 즉위한 뒤 여러 가지 개혁정책을 펼쳤다. 오늘날의 서울인 남경(南京) 천도를 추진하고 측근 세력을 양성하는 한편, 우리 역사상 최초로 화폐 유통 정책을 시행했다.

숙종 영릉 무덤칸 입구(위)와 내부 모습(아래)

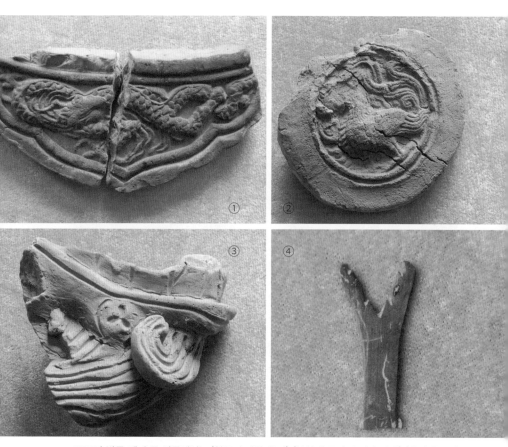

2017년 발굴 때 숙종 영릉에서는 '청동 숟가락 꼭지', '봉황새 무늬 수기와 막새', '용머리 모양 잡상[여러 신상(神像)이나 수신(獸神)]을 조각한 장식기와 조각' 등 여러 유물이 출토됐다. ①용무늬 암기와 막새 ② 봉황새 무늬 수기와 막새 ③용머리 모양 잡상 조각 ④청동 숟가락 꼭지.

멀리 보이는 숙종 영릉에서 유실된 것으로 보이는 거북 모양의 비석 받침대(귀부).

또한 다가오는 북방의 풍운에 대비하기 위해 별무반(別武班)을 창설했다. 별무반은 숙종 사후 여진 정벌에 나서 큰 성과를 거두었다. 1105년(숙종 10) 서경(西京)에 순행(巡幸)하여 동명왕묘(東明王廟)에 제사하고, 병이 들어 개경으로 돌아오다가 10월에 수레 안에서 죽으니 향년 52세였다.

『고려사(高麗史)』에 따르면 숙종은 임종할 때 자신의 능을 "검약하게 하는 데 힘쓰라"고 유언했다.

# 15

# 여진을 정벌하고 9성을 쌓은
# 예종의 유릉(裕陵)

### 황폐화된 무덤을 70년대에 새로 정비

# 석조물은
# 다 사라지고
# 봉분만 남아

 

고려 3대 정종(定宗)이 개성 외성(나성)의 경계를 이루는 용수산 남쪽에 묻힌 후 이 주변에는 여러 왕들의 무덤이 조성됐다. 정종의 안릉(安陵) 서쪽 옆으로 20대 신종의 양릉이 있고, 용수산이 남쪽으로 뻗어 내린 능선에 30대 충정왕의 총릉과 16대 예종의 유릉(裕陵)이 자리잡고 있다.

『고려사』에 예종이 1122년(예종 17) 4월 45세로 선정전(宣政殿)에서 죽어 성의 남쪽에 장례를 지냈다고 나온다. 조선 중기에 나온 『신증동국여지승람』에도 유릉은 "도성 남쪽에 있다"라고 기록돼 있다. 이곳은 과거 경기도 개풍군 청교면 유릉리였다가 행정구역이 바뀌면서 현재 개성시 오산리로 변경됐다.

유릉은 일제 강점기 때까지만 해도 병풍석과 1단부터 3단까지 축대가 남아 있었고, 고종 때 세운 능비도 존재했다. 그러나 1963년 북한이 조사할 때는 봉토와 뒷산의 흙이 흘러내려 병풍석이나 난간석이 거의 다 묻혀 존재를 알아보기 어려울 정도로 황폐화된 상태였다.

북한 사회과학원 고고학연구소는 1978년 이 무덤을 발굴한 후 병풍석을 새로 쌓는 등 능역을 정비했다. 정비된 후 봉분의 높이는 1.9m, 지름은 8m였다. 주검칸은 약간 서쪽으로 치우친 남향으로 반지하에 묻혀 있다. 발굴 당시 무덤칸은 평천장으로 남북의 길이 2.88m, 동서 너비 1.84m, 높이 1.9m로 조사됐다.

무덤칸의 중심에는 남북으로 길게 관대가 놓여 있었는데, 길이는 2m,

개성시 오산리에 있는 고려 16대 예종(睿宗)의 무덤인 유릉(裕陵) 전경. 조선 후기에 세운 능비는 사라져 받침돌만 남아 있고, 봉분 주위의 석물들은 거의 다 사라졌다.

너비는 0.86m 정도였다. 무덤칸 천정에는 별 그림이 그려져 있었고, 북쪽 부분에서 그 일부가 확인됐는데 별들은 붉은색 동그라미로 형상되어 있었다.

발굴 당시 유릉은 여러 차례 도굴 당해 대부분의 유물이 원래 위치에 놓여있지 않고 여기저기 흩어져 있었다고 한다. 무덤칸(묘실)에서는 부장된 청동제품과 철제품이 나왔다. 청동제품으로는 '청동 원형 장식판', '청동화폐', '청동 못', '청동 자물쇠' 등이, 철제품으로는 '쇠 가위', '문고리 보강쇠', '쇳조각' 등이 출토됐다.

**예종 유릉에서 나온 유물들**

| 유물 | 청동 제품 | | | | | | 철 제품 | | | |
| --- | --- | --- | --- | --- | --- | --- | --- | --- | --- | --- |
| | 원형 장식판 | 반구형 금구 | 못 | 화폐 | 물고기형 드림장식 | 자물쇠 | 가위 | 문고리 보강쇠 | 원통형 금구 | 쇳조각 |
| 수량 | 2 | 22 | 큰것 6 작은 것 다수 | 51 | 1 | 1 | 1 | 1 | 1 | 5 |

**예종 유릉에서 나온 청동 화폐들**

| 번호 | 화폐 이름 | 사용 연대 | 수량 |
| --- | --- | --- | --- |
| 1 | 개원통보(開元通寶) | 621-960 | 3 |
| 2 | 상부원보(祥符元寶) | 1008-1016 | 5 |
| 3 | 상부통보(祥符通寶) | 1008-1016 | 1 |
| 4 | 천희통보(天禧通寶) | 1017-1021 | 3 |
| 5 | 천성원보(天聖元寶) | 1023-1031 | 1 |
| 6 | 명도원보(明道元寶) | 1032 | 2 |
| 7 | 경우원보(景祐元寶) | 1034 | 1 |
| 8 | 황송통보(皇宋通寶) | 1039 | 2 |
| 9 | 치평원보(治平元寶) | 1064-1067 | 1 |
| 10 | 희녕원보(熙寧元寶) | 1068-1077 | 3 |
| 11 | 원풍통보(元豐通寶) | 1078-1085 | 6 |
| 12 | 원우통보(元祐通寶) | 1086-1093 | 2 |
| 13 | 소성원보(紹聖元寶) | 1094-1097 | 2 |
| 총 계 | | | 32 |

특히 유릉에서는 다른 고려왕릉에서 나온 것보다 훨씬 많은 51개의 청동 화폐가 출토돼 이 무덤이 유릉임을 뒷받침했다. 51개의 청동 화폐 중 23개의 화폐에 이름이 찍혀 있는데, 그중 가장 이른 시기에 주조된 것은 '개원통보(開元通寶)'이고, 제일 늦은 시기의 것은 '소성원보(紹聖元寶)'이다.

소성원보는 북송(北宋) 철종(哲宗, 재위:1085년~1100년)대에 통용된 엽전이다. 고려 시대 화폐가 발행됐으나 상거래에서 화폐보다는 현물거래가 더 활발했으며 일부 중국 화폐를 가져와 사용한 경우도 있었다.

예종(睿宗)의 이름은 왕우(王俁)이고, 숙종(肅宗)과 명의태후(明懿太后) 유 씨(柳氏) 사이에서 맏아들로 태어났다. 1079년(문종 33)에 태어나 1100년(숙종 5)에 왕태자로 책봉된 후 1105년(숙종 10)에 즉위해 1122년(예종 17)에 사망했다. 소성원보가 송나라에서 유통된 12세기와 예종의 재위 기간이 일치한다.

최근에 촬영된 사진을 보면 1978년에 발굴 후 정비된 모습이 그대로 유지되고 있는 것으로 확인된다. 특이점은 2017년에 촬영된 사진에는 표지석에는 유릉이 '보존유적 551호'로 되어 있었는데, 지난해 촬영된 사진을 보면 '보존유적 제1701호'로 다시 변경됐다는 것이다. 유릉은 원래 보존유적 1701호로 알려져 있었다.

북한이 보존유적 지정번호를 변경했다가 최근 연간에 다시 수정한 것으로 추정된다. 북한은 2017년을 전후해 숙종(肅宗)의 영릉(英陵)을 국보유적으로 새로 지정하는 등 '국보유적'과 '보존유적'의 역사유적 지정체계를 대폭 변경한 것으로 보인다.

## 문치와 무위를 겸비한 고려를 꿈꾸다

예종은 고려의 문풍을 진작시킨 군주로 평가된다. 『고려사』에는 예종이 어려서부터 유학을 좋아했다고 기록돼 있다. 고려 말 유학자 이제현(李齊賢)도 예종이 문치를 닦아 예악으로 풍속을 바로잡으려 했다고 높이 평가하며, '17년 동안의 왕업이 후세에 모범이 될 만하다'라고 평가했다.

예종은 즉위 초부터 교육에 깊은 관심을 가졌고, 1109년(예종 4)에는 국학에 7재를 설치하였다. 이곳은 각각 『주역(周易)』, 『상서(尙書)』, 『주례

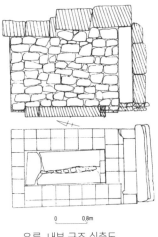

유릉 내부 구조 실측도          예종 유릉 서쪽 측면 모습

(周禮)』,『춘추(春秋)』 등을 전공으로 하는 심화된 유학 교육을 시행하는 기관이었다. 또한 뛰어난 학생들을 선발하여 송의 태학에 입학시키기도 했고, 송에서 보낸 대성악(大晟樂)과 각종 제기들을 받아들이기도 했다. 예종의 각종 정책을 통해 고려의 경학(經學) 수준이 한층 높아졌다고 보는 게 고려사 연구학계의 평가다.

예종은 풍수지리와 도참(미래 예언), 불교 등 다양한 분야에도 깊이 관심을 가졌다. 1106년(예종 원년) 3월에 지리에 관한 책들을 모아 정리하여 『해동비록(海東祕錄)』을 짓게 하였고, 신하들에게 음양비술(陰陽祕術)로 약해진 땅의 기운을 되살릴 방안을 제출하도록 명하기도 하였다. 유학적 원리에 따른 문치만을 추구한 것이 아니라, 고려의 전통문화적 측면에도 폭넓게 관심을 기울인 것이다.

한편 27세의 나이에 왕위에 오른 예종에게는 당면한 큰 과제가 있었다. 선왕 숙종대에 터졌던 여진과의 갈등 문제였다. 11세기 말부터 북만주

2017년 촬영된 예종 유릉의 표석에는 '보존유적 제551호'로 되어 있고, 2019년 촬영된 표석에는 '보존유적 1701호'로 수정되어 있다.

예종 유릉과 충정왕 총릉의 위치도

하얼빈 일대에 살던 여진의 한 부족인 완안부(完顔部)의 세력이 강성해지면서 동북아시아의 정세가 요동치기 시작했고, 그 여파는 점차 고려로도 미쳤다.

고려는 숙종 때 두 차례 걸쳐 완안부와 전투를 벌여 모두 대패하는 참사를 겪었다. 이에 숙종은 별무반(別武班)을 조직하여 대규모 전쟁을 준비하였으나, 준비 도중에 병에 걸려 사망하였다.

1107년(예종 2) 10월, 여진이 다시 침입해오자 예종은 조정의 신하들과 논의를 거쳐 여진 정벌을 단행하기로 결정하였다. 당대의 중신이었던 윤관(尹瓘)을 원수(元帥)로 삼아 약 17만 명의 대군을 동원한 큰 전쟁이었다. 이 전쟁에서 승리한 고려는 새로 확보한 영역에 여러 성을 쌓아 방어 거점을 만들었다. 이 성들은 통칭 '9성'이라 불린다. 예종은 남부로부터 6

만 5000여 명의 주민을 이곳으로 이주시켜 살게 하였다.

그러나 2년 뒤인 1109년(예종 4) 5월, 예종은 화친을 청해온 여진에게 9성을 반환하기로 결정했다. 비록 여진으로부터 침범하지 않고 조공을 바치겠다는 맹세를 받아냈으나, 국력을 기울인 원정에서 실질적인 소득은 거의 없었다. 이렇게 예종이 힘을 쏟았던 여진 정벌의 꿈은 미완으로 끝이 났다.

예종은 거란의 공격을 당당하게 물리친 증조부 현종(顯宗)대의 고려, 문물이 융성하여 전성기를 구가했던 조부 문종(文宗)대의 고려를 재현하고자 했지만 고려에는 여러 가지 문제점들이 차곡차곡 쌓이고 있었다.

대외적으로 여러 차례의 북방족과의 전쟁이 이어졌고, 국내 정치적으로는 점차 문벌이 세력을 키웠으며, 이자겸(李資謙)으로 대표되는 외척 세력이 성장했다. 백성의 생활은 전란과 기근, 지방관들의 기강 해이 등 여러 요소가 복합적으로 작용하며 점차 어려워졌다. 이러한 문제점들이 누적되어 결국 예종의 아들인 인종대에 폭발하게 된다.

예종의 첫 번째 왕비인 경화왕후(敬和王后)는 1109년(예종 4) 사망해 자릉(慈陵)에 안장했다고 기록돼 있는데, 현재 위치는 확인되지 않는다.

예종의 두 번째 왕비이자 인종의 모후인 순덕왕후(順德王后)는 1118년(예종 13)에 사망해 수릉(綏陵)에 묻혔다.

순덕왕후에 대한 예종의 총애는 각별했다. 『고려사』에 따르면 예종은 왕비가 병석에 눕자 "친히 약을 만들어 드렸으며", 왕비가 죽자 "친히 신봉문(고려 궁궐의 남문) 밖에서 조제(祖祭)를 지내며 떠나보냈다"고 한다. 예종은 여러 차례 수릉에 참배했는데, 1121년(예종 16) 3월에는 개성 남쪽 창신사(彰信寺)에 행차했다가 간관(諫官)들의 반대를 무릅쓰고 미복(微服) 차림으로 수릉에 참배하기도 했다.

도성 남쪽에 있었던 것으로 추정되는 수릉은 현재 소실됐다.

# 16

# 묘청의 난 겪은
# 인종(仁宗) 장릉(長陵)의 수수께끼

### 시책과 많은 유물이 출토됐지만 왕릉 위치는 미궁

# 많은 유물이 도굴돼
# 현재 서울 국립중앙박물관에
# 보존

1122년 예종(睿宗)이 사망한 후 장남이 뒤를 이어 왕위에 올랐다. 고려 17대 임금 인종(仁宗, 재위:1122~1146)이다. 인종 때는 외척인 이자겸(李資謙)의 난, 서경(西京, 평양) 천도를 주장한 묘청(妙淸)의 난 등으로 사회가 혼란스러웠다. 이때부터 고려가 내리막길을 걷기 시작했다. 묘청의 난을 진압한 김부식(金富軾)이 삼국사기(三國史記)를 편찬한 것도 이 무렵이다.

재위 24년 만에 사망한 인종의 능호는 장릉(長陵)이다. 인종의 장릉은 아주 특별한 왕릉이다. 다른 고려왕릉에 비해 많은 출토 유물이 남아 있지만 정작 왕릉의 위치는 파악되지 않고 있기 때문이다.

대다수 고려왕릉의 능주를 알 수 없게 된 결정적인 이유는 왕릉 안에 여러 부장품과 함께 묻은 시책(諡冊)이 도굴되거나 없어졌기 때문이다.

시책이란 왕의 시호와 묘호, 생전의 업적 등을 돌에 새긴 것이다. 글을 새긴 각 돌의 옆면 위아래에 구멍을 하나씩 뚫어 금실 같은 끈을 넣어 연결해 놓았다. 옥책(玉冊)이라고도 한다.

현재까지 문헌이 아닌 유물로 발견된 시책(옥책)은 여섯 개로 고려 17대 인종(仁宗)의 장릉, 20대 신종(神宗)의 양릉, 24대 충렬왕의 경릉, 충렬왕비의 무덤인 고릉, '고읍리 1릉', 능주를 알 수 없는 칠릉군 제1릉에서 나온 것이다. 그중 인종의 시책만이 거의 온존한 형태로 남아 있다. 고릉의 시책은 4자만 확인된다.

만수산

선릉군

칠릉군

왕건왕릉

명릉군

충렬왕릉

충렬왕비릉

고릉동릉

고릉동릉 위치도

　인종 시책은 북한이 아닌 국립중앙박물관에 소장돼 있다. 그렇게 된 사연이 기구하다. 이 시책은 1916년 9월 25일 총독부 박물관에서 일본 육군대학 교수이자 일본어 학자로서 한국도자기 컬렉터로도 유명한 구로다 다쿠마(黑田太久馬)로부터 사들인 것으로 고려청자 등 인종의 무덤인 장릉(長陵)에서 도굴된 여러 점의 유물과 함께 입수됐다. 구로다가 어떻게 이것을 구했는지, 경술국치 직전 통감부에서 촉탁으로 근무한 그가 개성 왕릉 도굴에 어느 정도 개입했는지 알려지지 않았다.

　1908년부터 1910년대에 걸쳐 일본인들에 의한 개성 주변의 분묘 도굴과 고려청자의 유통이 성행했다는 여러 사람의 증언으로 미루어 보아, 이

인종 장릉에서 출토된 시책문 ⓒ국립중앙박물관

들 역시 개성의 인종 장릉에서 도굴되어 도쿄까지 건너갔던 것으로 추정된다. 그나마 총독부 박물관이 구매해 해방 후 국립중앙박물관에 남게 된 것이 다행이다.

제18대 임금 의종이 붕어한 부왕 인종을 위해 제작한 인종 시책은 흰색 대리석으로 제작했으며 글자는 금으로 채워 넣었다. 시책 양 옆에는 호위 신장을 한 명씩 그려 넣었다.

역대 고려국왕의 시책문은 현물은 상실되고 그 내용만 사서에 기록되어 있는데 인종의 것은 반대로 현물만 존재하고 사서에 그 내용이 실전됐다. 시책의 명문은 인종의 덕성과 품성을 설명하고, '서경의 난(묘청의 난)' 진압 등 위업을 칭송하는 내용의 초반부(제3엽~21엽)와 왕의 서거 사유와 이를 맞이한 신하의 절통한 심정과 기도를 담은 중반부(제22엽~29엽), 그리고 공효대왕이라는 시호와 인종이라는 묘호를 올리는 종반부(제30엽~42엽)로 서술되어 있다.

명문에는 1146년(皇統 6年) 3월이라는 시간이 나오는데, 인종이 1146년 2월 28일(음) 보화전(保和殿)에서 죽고 3월 15일(음) 도성 남쪽 장릉에 장사지냈다는 『고려사』의 기록에 근거해 볼 때, 이 시책은 이 사이에 제작되어 함께 묻혔던 것이 분명하다. 다만 묘호 인(仁) 자의 설명 부분은 훼손됐다.

"황통(금 희종의 연호) 6년(1146년) 병인년 3월, 왕인 신 현(의종의 이름)이 근검히 두 번 절하며 머릴 들어 옥책을 바칩니다. 대행대왕(인종)께선 총명관대하시고 박대순진하셨습니다. 백성을 마음으로 생각하시고 만기를 돌보아 식사조차 잊으셨습니다. 밖으론 문화의 번성을 원하셨고 안으론 탐락을 좇지 않으셨습니다. 성덕이 날마다 새로워지며 행동거지가 예의에 맞았습니다. (중략)

고개를 올려 시호에 대해 생각하니 방식은 양질의 문헌을 찾거나 여러 사람의 논의를 통해 얻는 것입니다. 무릇 공(恭) 자는 '덕의 기틀을 잇다'요, 효(孝) 자는 '행동한 이유가 고귀하다'입니다. (중략) 시호를 추존하니 '공효대왕(恭孝大王)'이요, 묘호는 '인종(仁宗)'입니다."

도굴된 시책이 어느 곳에서 나왔는지는 아직까지 오리무중이다. 능의 위치를 찾지 못하게 된 것이다. 시책이 함께 나왔기 때문에 고려청자 등 도굴 유물이 장릉에서 나왔다는 것을 확인할 수 있을 뿐이다.

## 장릉의 위치를 고려사에는 남쪽, 조선 시대 때는 서쪽으로 기록

『고려사』에 따르면 인종은 "예종 17년(1122) 4월 병신일에 예종이 승하하자, 예종의 여러 동생들은 그가 어리다는 이유로 왕위를 탐내기도 했으나 평장사(平章事) 이자겸(李資謙)이 그를 받들어 중광전(重光殿)에서 즉위"했다.

이후 인종의 외조부였던 이자겸은 왕을 대신하여 권력을 한 손에 움켜쥐었으며, 왕에 버금가는 권세를 누리며 횡포를 부린다. 게다가 이자겸은 자신의 두 딸을 인종과 혼인시켰다.

14살의 어린 나이에 왕위에 오른 인종은 '이자겸의 난'과 '묘청의 난' 등 여러 정치적 격변을 겪어서 그런지 38세라는 비교적 젊은 나이에 병을 얻어 승하했다.

인종은 1146년(인종 24) 2월 정묘일에 보화전(保和殿)에서 승하하여 나성(羅城) 남쪽에 장례 지냈다. 통상 나성 남쪽은 용수산 남쪽을 지칭하는 것으로 이해되지만 조선 시대에 나온 『동국여지승람』이나 『중경지』에는 개성부 서쪽 벽곳동(碧串洞)으로 기록되어 있다.

이러한 기록을 통해 조선 시대 때는 인종의 장릉이 개성의 서쪽에 있는 것으로 일관되게 인식됐다는 사실을 알 수 있다. 또한 현재 도성 남쪽에는 인종의 장릉으로 추정할 수 있는 왕릉이 남아 있지 않다.

실제로 장릉이 개성의 서쪽 또는 남서쪽에 있었다는 것을 추론할 수 있는 기록이 『고려사』에도 나온다.

> "7월 정유일에 왕이 장릉(長陵)과 순릉(純陵)을 참배하고 그 길로 천효사(天孝寺)에 갔다."

『고려사』에 따르면 1186년 고려 19대 국왕인 명종은 부왕인 인종의 장릉과 인종비인 공예왕후 순릉에 참배했다. 최충헌이 명종을 폐위하고 왕위에 올린 명종의 동생 신종도 즉위한 1198년에 장릉과 순릉에 참배했다.

## 인종 장릉 찾기는 이제 시작

장릉과 순릉이 인접한 거리에 있었고, 천효사 가는 길에 있었다는 것을 알 수 있다. 그렇다면 천효사는 어디에 있었을까?

천효사는 1277년 충렬왕비인 안평공주(제국대장공주)가 수행 인원이 적다고 노하며 왕을 때렸다는 일화가 전해지는 곳이다. 이 사건이 발생한 지 얼마 되지 않아 천효사는 신효사로 이름이 바뀐 것으로 보인다. 『고려사』에 1282년부터는 천효사 대신 신효사란 이름만 나온다.

특히 충렬왕은 신효사에서 승하할 정도로 이 절과 밀접한 관련이 있었고, 이 절에 자주 행차하거나 거주했다. 충렬왕이 신효사로 처소를 옮겼다는 기록이 여러 차례 나오고, 안평공주가 죽자 이 절에 가서 공주의 명복을 빌었다.

인종 장릉에서 출토된 유물. ⓒ국립중앙박물관

신효사는 충혜왕과 충혜왕의 왕비 덕녕공주의 진전(眞殿)도 있을 정도로 왕실의 진전 사원으로, 원나라 간섭기에 부상한 주요 사원의 하나였다. 특히 충렬왕이 중흥시킨 절로 광덕산에 있었으며 묵사(墨寺)라고도 했다. 신효사는 조선 시대 중엽에 폐사됐고, 일제 말기 동서 약 70칸, 남북 약 50칸의 터에 주춧돌과 기와 조각 등이 산재해 있었다고 한다.

일제 강점기에 작성된 지도에 표시된 묵사동의 위치를 고려할 때 공민왕릉의 서쪽, 벽란도 북쪽의 감로사 부근에 있었던 것으로 추정된다. 현재 행정구역상으로는 개성시 개풍구역 목산리 먹적골로, 원나라에서 목화씨를 가져온 문익점(文益漸)의 손자 문래(文萊)의 무덤이 소재하고 있는 마을 인근이다.

이 마을은 태조 왕건릉에서 직선거리로 5km, 궁궐에서 8.2km 정도 떨어진 곳이다. 궁궐을 출발해 나성의 서쪽 대문인 선의문을 나와 큰 길을 말로 달리면 15km 정도 밖에 되지 않는다. 한양도성 18.6km를 일주하는 것보다 짧은 거리다.

현재 개성 서쪽에 있는 왕릉 중에서 능주가 확인되지 않은 여러 능이 남아 있는데, 인종대인 12세기 무렵에 조성됐을 가능성이 있는 것이 칠릉군 제1릉이다. 그러나 칠릉군 제1릉에서 다수의 시책 조각이 나왔고, 해독된 문자 내용을 볼 때 이 왕릉은 인종의 장릉이 아니다.

다음으로 생각해 볼 수 있는 왕릉이 제국대장공주 고릉에서 동쪽으로 50m 정도 떨어진 곳에 남아 있는 '고릉동돌칸흙무덤'('고릉동릉')이다. 이 왕릉은 2016년 무렵에 처음 발굴됐고, 12-13세기에 만들어진 것으로 추정됐다. 발굴 보고서에 따르면 능역은 북쪽에서 남쪽으로 뻗어 내린 능선 기슭에 남북으로 길게 3단으로 조성되어 있으며, 남북 길이 34m, 동서 너비 17m이다. 1단에 남아 있는 봉분은 형태만 남아 있는 상태이고, 지름은 8m 정도로 추정된다. 2단에 있어야 할 석조물은 모두 사라졌으며, 3단의 정자각도 없어지고 주춧돌 2개만 남아 있다.

무덤칸은 서쪽으로 약간 치우친 남향이고, 남북 길이 3.96m, 동서 너비 2.95m, 높이 2.2-2.25m이다. 무덤칸 벽면은 회미장이 두껍게 입혀져 있었으나 대부분 떨어져 있는 상태였고, 바닥은 파괴가 심해 상태를 알 수 없다.

유물로는 정자각터에서 기와, 바닥 벽돌, 자기 등이 출토됐다. 그 중 자기류로는 국화 무늬 청자잔이 나왔는데 조선 중기 것으로 추정된다.

인종 장릉이 일제 강점기 때 심하게 훼손된 것을 감안하면 이 무덤이 장릉일 가능성이 있다. 그러나 이 왕릉은 인종릉이 아니라 인종비 공혜왕후의 순릉일 가능성도 있다. 1217년(고종 4) 고려를 침입한 거란군은 개성 나성(羅城)의 서쪽 성문인 선의문(宣義門) 밖까지 도달해 황교에 주둔

문익점의 손자 문래(文萊)의 묘. 개성시 개풍구역 묵산리에 있으며 고려 때 신효사가 인근에 있었다.

했다. 황교는 도성의 서쪽으로 들어오는 가장 가까운 지점에 놓였던 다리이다. 이때 선의문을 돌파하지 못한 거란군은 황교를 불사르고 퇴각하였고, 인근에 있던 공예왕후의 순릉을 도굴하였다. 이러한 『고려사』의 기록을 통해 볼 때 '고릉동릉'은 위치상 인종릉보다 순릉일 가능성이 더 커 보인다.

　다만 고려 중기의 왕후릉은 흔적도 없이 사라진 사례가 많다는 점에서 인종 장릉일 수도 있다는 가능성을 열어 둘 필요가 있을 것이다.

　조선 시대 때 서쪽에 있는 것으로 파악한 장릉의 위치가 잘못된 것이고, 『고려사』의 기록이 도성 남서쪽이 아닌 남쪽을 정확하게 의미한다면 장릉은 다른 곳에서 찾을 수밖에 없다.

개성 인근에는 왕릉과 관련된 지명이 상당히 많다. 유릉리, 칠릉동, 명릉동, 고릉동 등이 대표적이다. 왕릉이 있던 마을이나 골짜기는 능동, 능골, 왕후동이라고도 불렸다. 고릉동릉에서 남동쪽 8km 정도 떨어진 대릉동의 경우도 마찬가지다.

북한은 '대릉리'란 이름이 큰 능이 있는 지역이란 의미로 붙여졌고, 여기서 큰 능은 조선 태조 이성계의 왕비인 신의황후(神懿皇后)의 제릉(齊陵)을 의미한다고 설명한다. 그러나 정작 대릉리에 있는 대릉동은 제릉에서 북서쪽으로 2km 정도 떨어져 있다. 이 대릉동이라는 마을 북쪽과 동쪽 구릉지에는 지금도 많은 무덤들이 분포하고 있는데, 이곳에 인종릉이 있었던 것은 아닐까?

또 다른 지역은 진봉산의 서쪽 능동(陵洞) 마을이다. 일제 강점기 때 나온 '고려능묘분포도'에는 이 마을 남쪽 언덕에 능 하나가 표시되어 있다. 이곳은 고려 도성의 남쪽으로 성종왕릉의 동쪽에 있고, 일제 강점기 개성군 청교면 배야동리의 동쪽에 해당한다. 이 지도에는 당시 파악된 개성 지역 고려왕릉의 위치가 표시되어 있다.

현재까지 개성 남쪽에 온전하게 남아 있는 왕릉 중에는 인종릉이라고 확증할 수 있는 왕릉이 존재하지 않는다. 그런 점에서 여러 가능성을 열어 두고 인종릉을 찾는 노력이 필요할 것 같다.

# 17

# 무신 집권기 개성에 조성된
# 희릉, 지릉, 양릉

인종의 아들 3형제가 왕위에 올랐지만 모두 단명

# 무신란이
# 발생하다

고려 17대 인종은 이자겸의 난으로 폐비된 두 왕후(이자겸의 셋째 딸과 넷째 딸) 외에 공예왕후 임 씨와의 사이에서 다섯 명의 아들을 두었다. 그 중 첫째와 셋째, 다섯째가 차례로 왕위에 올랐다.

인종의 장남으로 왕위에 오른 고려 18대 의종(毅宗, 재위:1146~1170) 때는 무신란(武臣亂)이 발생했다. 1170년 의종이 문신들을 거느리고 장단(長湍) 보현원(普賢院)에 행차할 때, 왕을 호종하던 대장군 정중부(鄭仲夫)와 이의방(李義方) 등이 반란을 일으켜 왕을 수행했던 문신들과 개성에 있던 주요 문신들을 대량 학살했다. 고려의 문신 귀족정치가 종말을 고하고 새로이 무신정권이 성립하게 된 것이다. 그 뒤 1세기 동안이나 무신들에 의한 정치 지배가 계속되어 고려사회는 일대 전환기를 맞이했다.

왕위에서 쫓겨난 의종은 3년 뒤인 1173년(명종 3) 무신 이의민(李義旼)에 의해 경주 곤원사(坤元寺) 북쪽 연못 위에서 47세의 나이로 시해됐다. 그의 장례식은 2년 뒤에 치러졌고, 개성 동쪽에 안장했다.

『고려사』에는 "명종(明宗) 3년(1173) 8월 김보당(金甫當)이 사람을 보내어 왕을 모셔다가 계림(雞林)에 살도록 하였는데, 10월 경신일에 이의민(李義旼)이 곤원사(坤元寺)의 북쪽 연못가에서 왕을 시해하였다. 왕의 나이는 47세로서 왕위에 25년간 있었고 왕위에서 밀려난 지 3년만이었다. 시호(諡號)는 장효(莊孝)이고 묘호(廟號)는 의종(毅宗), 능호(陵號)는 희릉(禧陵)"이라고 기록되어 있다.

## 장남 의종의 희릉은 '고읍리 제1릉'

의종의 희릉은 정확한 위치가 알려지지 않았는데, 일제 강점기 때는 개성성 동북쪽에 있는 동구릉을 희릉으로 추정했다. 1918년에 조선총독부가 출간한 개성지도에는 동구릉을 희릉으로 표기해 놓았다. 그러나 발굴 결과 동구릉은 고려 중기가 아닌 고려 초기의 왕릉임이 분명해졌다.

2000년에 북한 학계는 황해북도 장풍군 고읍리에 있는 '고읍리 제1릉'을 희릉이라고 발표했다. 1994년 북한 학계의 발굴 보고서에 따르면 '고읍리 제1릉'은 병풍석이 남아 있고, 병풍석에는 12지신상이 새겨져 있다. 숙종(肅宗) 때 유통된 해동통보(海東通寶)가 출토된 점으로 봐서 이 무덤이 12세기 또는 그 이후의 왕릉인 점은 분명하다.

고읍리 제1릉 전경.

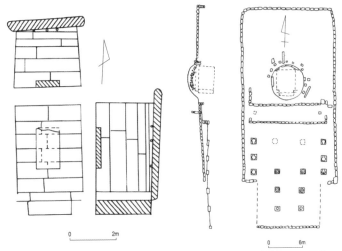

고읍리 1호 무덤 내부 구조 실측도     고읍리 1호 무덤 외부 구조 실측도

| 유물 | 도 자 기 | | | | | | |
|------|---------|--------|------------------|--------|--------|--------|-----------|
|      | 청자접시 | 청자병 | 진홍자기 찻잔 | 백자접시 | 백자술잔 | 도기단지 | 기타 조각 |
| 수량 | 1 | 1 | 1 | 2 | 1 | 1 | 다수 |

| 유물 | 청동제품 | | 철제품 | | 기타 |
|------|---------|---------|--------|-------|------|
|      | 청동화폐 | 청동단추 | 걸개못 | 관못 | 석간 |
| 수량 | 2 | 1 | 4 | 6 | 다수 |

고읍리 1호 왕릉에서 나온 유물들

또한 고읍리 제1릉에서는 백색 대리석으로 제작된 시책 조각이 나왔다. 맨 앞 장에 해당하는 시책의 앞면에 선각으로 '명', '헌왕' 등의 글자가 새겨져 있다. 이 왕릉이 왕후의 무덤이 아니라 왕의 무덤이라는 것을 보여준다.

이 왕릉은 장풍군 고읍리 소재지에서 서쪽으로 3km 정도 떨어진 왕릉골에 자리잡고 있다. 배룡산의 주봉으로부터 남쪽으로 뻗어 내린 능선의 중턱에 조성됐다. 무덤 앞은 탁 틔어 전망이 좋으며, 멀리 이 지역에서 제일 높은 반룡산이 보인다.

고읍리 제1릉은 서쪽에 인접해 있는 제2릉과 마찬가지로 동, 서, 북쪽에 돌담(곡장)을 돌려쌓았고, 3단으로 조성됐다. 이러한 곡장은 고려왕릉에 일반적으로 나타나는 특징이지만, 3면 돌담은 고읍리 제1릉과 제2릉, 숙종의 영릉 등 11세기~12세기에 조성된 고려왕릉에서 가장 정형적으로 발견된다.

1단의 크기는 남북 길이 16.3m, 동서 너비 15.5m이고, 봉분의 크기는 직경 6m, 높이 2m이다. 석등과 망주석은 현재 남아 있지 않다. 2단에는 좌우에 한 쌍씩 4개의 문인석이 배치됐다. 3단에는 정자각이 있었지만 현재는 주춧돌만 남아 있다.

무덤칸의 크기는 남북 길이 3.7m, 동서 너비 2.97m, 높이 2.4(서)-2.6(동)m이다. 관대는 바닥 중심에 남북으로 길게 놓였는데, 현재 남은 크기는 길이 1.8m, 너비 1.03m, 높이 0.25m이다. 무덤칸 입구는 큰 화강암판돌로 막아 놓았는데, 고읍리 제1릉과 마찬가지로 도굴 구멍이 뚫려 있다.

이 왕릉에서는 1994년 발굴 때 청자기, 백자기, 진홍자기, 도기 등 도자기류들과 각종 금속제 유물들이 비교적 많이 나왔다. 특히 청동 화폐 2개가 나왔는데 그중 하나는 고려 숙종 7년(1102년)에 주조해 유통시킨 '해동통보(海東通寶)'이다. 이 왕릉이 숙종대 이후에 축조됐다는 점을 알 수 있다. 북한의 발표대로 이 왕릉은 의종의 희릉일 가능성이 높은 셈이다. 북한은 고읍리 제1릉을 발굴한 후 재정비하고 국보유적 제200호로 새로 지정했다.

황해북도 장풍군 항동리에 있는 명종 지릉의 전경.

## 개성에서 가장 멀리 조성된 명종 지릉

의종이 폐위된 후 그의 동생 익양공(翼陽公)이 왕위에 오르니 19대 명종(明宗, 재위:1170~1197)이다. 그러나 왕은 허수아비에 불과했고, 실권은 무신들에게 넘어갔다. 1196년에 최충헌(崔忠獻)이 이의민을 죽이고 정권을 장악한 뒤 정치의 쇄신과 중흥을 목표로 하는 내용의 봉사십조(封事十條)를 올리자 그대로 받아들였는데도 다음 해인 1197년에 폐위당해 동생인 평량공(平凉公) 왕민(王旼: 신종)에 왕위를 물려줬다.

5년 뒤 사망한 명종은 개성 도성 동쪽에 묻혔다. 능호는 지릉(智陵)이다. 행정구역상으로는 황해북도 장풍군 항동리에 있으며, 고읍리 제1릉에서 남쪽으로 5km 정도 떨어져 있다. 지릉은 몽골 침입 때 훼손된 것을 다시 보수했다.

1916년 일제 발굴 조사 보고서에 따르면 당시 '고려명종지릉(高麗明宗智陵)'이라 쓴 표석과 한 쌍의 문인석이 남아 있었지만, 병풍석과 난간석

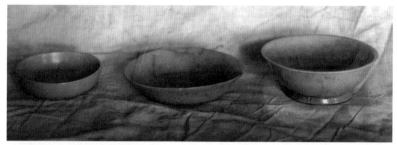
명종 지릉에서 출토된 도자기들.

은 모두 없어진 상태였다. 또한 당시 발굴 때도 도굴의 흔적이 뚜렷하게 남아 있었다. 이때 발굴된 청자기를 비롯한 유물은 현재 국립중앙박물관에 보존되어 있다.

현재 봉분의 크기는 높이 1.8m, 지름 6.3m이다. 2단에 배치된 석인상은 다른 고려왕릉의 것과 마찬가지로 관복을 입고 홀을 든 문관의 모습을 하고 있다. 무덤칸의 크기는 남북 길이 3.6m, 동서 너비 2.88m, 높이 2.13m이고, 바닥 중심부에 관대가 설치되어 있다.

관대는 네 변에 너비 20cm 되게 다듬은 긴 화강암을 둘러놓고 남쪽 절반부분에는 흙을 채워놓았으며, 북쪽 절반부분에는 돌을 깔아 만들었다. 크기는 길이 2.72m, 너비 1.18m, 높이 0.2m이다. 이러한 관대 조성방식은 형인 의종 희릉으로 추정되는 고읍리 제1릉과 동일한 것이다.

북한은 이 왕릉 발굴 당시 청자접시 5개 청자바리 1개, 소변기 1개, 금동 고리 1개, 청동 화폐 3개가 나왔다고 발표했다. 발굴된 청동 화폐는 황송통보 1개, 개원통보 1개, 천성원보 1개이다. 북한 학계에서는 지릉에서 나온 자기들을 고려 도자사 연구에서 중요한 의의를 갖는다고 평가한다. 지릉은 북한의 보존유적으로도 지정돼 있지 않다. 아마도 군사분계선과 인접해 있기 때문일 것이다.

## 봉토만 남은 초라한 신종 양릉

고려 20대 신종(神宗, 재위:1197~1204)은 인종의 다섯째 아들이자 명종의 친동생으로 최충헌이 명종을 폐한 후 옹립한 왕이다. 신종 때는 '민란의 시대'였다. 신종 즉위년에 만적(萬積)의 난을 비롯해 이듬해 강원도 명주(溟州)의 난, 진주(晉州)·금주(金州: 김해)·합천(陜川)·경주(慶州)·광주(廣州) 등지에서 잇달아 민란이 일어났다.

신종은 1204년 병이 심해져 태자에게 왕위를 물려주고 죽은 후 개성 도성 남쪽에 묻혔다. 능호는 양릉(陽陵)이다. 양릉은 개성성 남쪽에 있는 용수산(龍首山) 남쪽 자락에 있다. 현재 행정구역상으로는 개성시 고남리 (일제 강점기 때 경기도 개성군 청교면 양릉리 양릉동)에 속하며, 고려 3대 정종(定宗)의 무덤인 안릉(安陵)이 동쪽으로 300m 정도 떨어진 곳에 있다.

1910년대 이뤄진 일제의 고적 조사에 따르면 당시 "능의 높이는 9척 (尺) 6촌(寸), 직경은 24척이며 병석(屛石)은 잔존하지 않으며 석수(石獸) 또는 석난간(石欄干)의 파편으로 보이는 돌이 있다"라고 했다. 현재는 봉분과 난간석 파편 1개, 문인석 2개만 남아 있다. 봉분도 병풍석이 모두 없어져 봉토만 남아 있는 상태로 확인된다.

1978년 북한 사회과학원 고고학연구소가 발굴 조사한 자료에 따르면 봉분의 직경은 9m, 높이는 2m이다. 무덤칸(묘실)은 평천장을 한 장방형의 돌 칸으로 지하에 마련됐다. 무덤칸의 바닥에는 네모난 벽돌을 깔고 중심에 돌로 관대(棺臺)를 만들어 놓았다. 관대는 여러 개의 네모난 판돌을 조립해 만들었고, 길이 2.72m, 너비 1.5m, 높이 0.06m이다. 발굴 당시 관대 위에 사람의 뼛조각이 흩어져 있었고 관대의 좌우에 파헤쳐진 자리가 있었다.

북한은 고읍리 제1릉의 관대 너비가 1.4m로 큰 것을 근거로 이 왕릉이

2019년 촬영된 개성시 고남리에 있는 고려 20대 신종(神宗)의 양릉(陽陵) 전경. 뒤쪽 왼편으로 개성의 남산에 해당하는 용수산이 보인다.

합장릉이라고 발표했는데, 양릉의 관대는 이보다도 더 크다.

벽과 천장에는 벽화가 있었지만 희미해져 잘 알아보기가 힘든 상태이다. 천정은 북두칠성을 비롯한 별들과 달이 그려진 천체도를 확인할 수 있었고, 그려진 별의 수는 158개라고 한다.

다른 고려왕릉과 마찬가지로 양릉도 여러 차례 도굴됐지만, 다행히 발굴 때 청자 조각, 금동 자물쇠, 금동 방울, 백동 거울, 걸개 못, 고리 손잡이, 여러 종류의 철정(鐵釘)과 청동 화폐 등 많은 유물이 출토됐다.

양릉은 비록 왕릉으로 보기 어려울 정도로 황폐해졌지만 고려의 무덤 제도와 문화 연구에서 중요한 자료로 평가된다. 특히 북한은 '돋을새김한 청자 조각'들과 '청자모란꽃무늬박이대접'의 조각, '구름무늬박이대접'의 조각들을 12세기 말~13세기 초의 무늬박이 청자 연구에 귀중한 자료로 평가한다.

개성시 고남리에 있는 고려 20대 신종의 무덤인 양릉의 뒤쪽 전경. 앞쪽으로 고남협동농장이 보인다.

그러나 가장 중요한 출토 유물은 역시 신종의 시호와 생전의 업적 등을 새긴 시책(諡冊)이다. 양릉에서는 '대어백(待於百)', '화사년(和四年)', '신문(臣聞)', '왕신(王臣)', '왕묘(王廟)' 등 33점의 판독 가능한 시책편(石間)이 출토됐다. 그 중 '○화사년(○和四年)'명 시책편은 연호를 표기한 것으로, 인종 장릉의 '황통육년(皇統六年)' 시책과 같이 시책의 도입부로 추정된다.

신종 때 사용된 연호는 송나라의 경원(慶元), 가태(嘉泰)와 금나라의 승안(承安), 태화(泰和)가 있어서 학계에서는 태화의 '태(泰)'자가 확인할 수 없는 글자로 추정하고 있다. 『고려사』 연표에는 "태화 4년(1204) 정월에 신종이 훙(薨; 제후나 높은 관리가 죽다)하였다"라고 기록돼 있다. 이 무덤이 신종의 능이란 것을 확증해준 유물이다.

시책이 출토되지 않았다면 이 초라한 무덤을 고려왕릉이라고 판단하기 어려웠을 것이다. 신종의 왕비 선정태후(宣靖太后)는 양릉에 합장되지 않

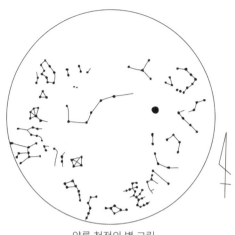

양릉 천정의 별 그림

서쪽과 동쪽의 문인석.

고 따로 묻혔는데, 그의 무덤인 진릉(眞陵)은 정확한 위치를 알 수 없는 상
태다.

*18*

# 강화 천도 후 조성된
# 다섯 개의 왕릉

무덤의 주인공을 두고 여전히 논쟁 중

# 고종,
# 강화도로
# 천도하다

1231년(고종 18년) 몽골군이 고려에 쳐들어왔다. 40여 년간 지속된 고려와 몽골의 전쟁이 시작된 것이다. 몽골군은 귀주에서 박서(朴犀)의 완강한 저항에 부딪혔으나 수도 개경에 임박했다. 고려가 강화를 요청하자 몽골은 몽골인 감독관을 서북면에 두고 군사를 철수한다.

다음해 당시 실권을 쥔 무신정권의 수장 최이(崔怡)는 몽골의 압박에 장기항전을 결정하고 수도를 개경에서 강화로 옮겼다. 당시 천도 과정을 고려사는 다음과 같이 기록했다.

"몽골군이 예성강(禮成江)에 이르자, 개경 사람들은 두려워 떨었다. (중략) 최이가 강화로 천도하려고 재추(宰樞)들을 자기의 집에 모아놓고 의논하도록 하였으나 모두들 두렵고 위축되어 감히 말을 하지 못하였다. (중략) 최이가 마침내 왕에게 빨리 궁궐을 벗어나 강화도로 가자고 요청했지만, 왕은 미적거리고 결정하지 못하였다.

최이는 녹봉을 운반하는 수레 100여 량(兩)을 빼앗아, 자기 재산을 강화도로 수송하였고, 유사(有司)에 명령하여 날짜를 정하여 5부(部)의 인호(人戶)를 출발시켰다. 방을 내걸어 말하기를, "기한 내에 출발하지 않는 사람은 군법으로 논하겠다."라고 하였다. 또 사신을 여러 도(道)에 보내, 산성과 해도(海島)로 백성들을 이주시켰

다. 2영군(領軍)을 동원하여 강화도에 궁궐을 짓도록 하고, 마침내
수도를 옮겼다.
　이때 장맛비가 열흘이나 계속 내려 다리가 진흙에 빠지는 바람에
사람과 말이 마구 쓰러졌다. 달관(達官)과 양가(良家)의 부녀자들
도 심지어 맨발로 짐을 이고 진채로 길을 떠났으며, 늙은 홀아비와
과부, 어린 고아와 자식 없는 늙은이들 중에서 갈 곳을 잃고 곡을
하는 사람들이 헤아릴 수 없이 많았다." (『고려사』 129권, 최이편)

　이후 강화도는 임시 피난처가 아니라 여몽전쟁 기간 동안 개경을 공식
적으로 대체한 도읍지가 됐다. 고려 사람들은 강화를 강도(江都)라 했고
황제의 도읍으로 인식했다. 실제로 고려는 세조(태조 왕건의 부친)와 태
조 왕건의 재궁(관)을 새 도성으로 이장했고, 개성처럼 궁궐과 궁성, 외성
을 쌓았다. 무신정권이 몰락하고 원종 11년(1270) 몽골과 강화(講和)가
성립될 때까지 강화는 고려 정치의 중심이 됐다.
　당시 고려의 국왕이 제23대 고종(재위:1213~1259)이다. 그는 46년
동안 왕위에 있었지만 최씨 무신정권의 전횡으로 실권을 행사하지 못했
고, 잦은 민란과 거란·몽고의 침입에 대한 항쟁 등으로 국가적 위기를 겪
었다.

## 개성 동북쪽에 안장된 강종의 후릉

　고종(高宗)이 왕위에 오를 수 있었던 것은 부왕인 강종(康宗)이 갑작스
럽게 왕위에 올랐기 때문이었다. 1197년 9월 무신정권의 실권을 장악한
최충헌(崔忠獻)이 명종을 폐위시키고 희종을 왕에 앉혔다. 이때 강종도 강
화도로 보내져 14년간 유배 생활을 한다.
　1211년 12월 최충헌이 자신을 암살하려 했다는 혐의로 희종을 폐위시

키면서 강종은 왕으로 추대됐다. 이때 강종의 나이 60세였으니 역대 고려 임금 중에서 최고령으로 즉위한 셈이다. 그러나 이미 고령이었던 강종은 유배 생활로 인한 지병으로 즉위 1년 8개월 만에 붕어했다.

그는 "너희 모든 관료들은 자신의 일을 하며 사왕(嗣王)을 받들라. 산릉은 검소하게 만들고 상은 역월로 따져 삼일 안에 끝내라"라는 유조(遺詔)를 남겼다.

『고려사』에는 1213년 9월 "강종(康宗)을 후릉(厚陵)에 장사지냈다"라고만 기록되어 있다. 이에 따라 그의 왕릉의 위치를 두고 강화도와 개성 현화리(현재 황해북도 장풍군 월고리)에 있다는 설이 제기됐다. 그러나 『고려사』의 여러 기록에 따르면 강종 후릉은 개성의 북쪽에 있었던 것이 확실하다.

1217년(고종 4년) 거란이 고려를 침입해오자 최충헌의 측근인 김덕명은 다음과 같이 건의했다.

"현종(顯宗)이 안종(安宗)을 장사지낸 후, 경술년에 거란군이 쳐들어왔습니다. 지금 그 옆에 후릉(厚陵)을 장사지내자 거란군이 또 침략해 왔습니다. 아마 풍수 때문에 그러한 듯하니, 속히 개장해야 할 것입니다."

이 건의를 받은 최충헌은 "그럴듯하게 여겨 개장을 결심하고 날짜를 정하라고 명령을 내렸다"라고 『고려사』에 기록되어 있지만 "사천대(司天臺)가 유예시키고 즉시 날짜를 잡지 않자" 관련자를 유배시켰다고만 기록되어 있어 실제 후릉이 이장됐는지는 확인되지 않는다. 다만 이 기록을 통해 강종 후릉이 개성 동북쪽에 있는 안종의 무릉 인근에 있었다는 것을 알 수 있다.

강화도 진강산 기슭에 있는 원덕태후 곤릉 원경

북한도 강종 후릉이 장풍군 월고리에 있다고 파악하고 있는 듯하지만 정확한 위치는 밝히지 않고 있다.

강조의 2비이자 고종의 모후인 원덕태후(元德太后)는 강화 천도 이후인 1239년(고종 26년) 사망해 강화에 묻혔다. 현재 진강산 기슭에 남아 있는 곤릉이 그의 릉이다.

## 규모가 대폭 축소된 희종의 석릉과 고종의 홍릉

한편 최충헌에게 폐위당한 21대 희종은 강화 교동으로 유배됐다 1237년(고종 24년) 8월에 57세로 붕어했다. 그는 강화 도성의 서쪽 진강산 기슭에 묻혔고, 석릉(碩陵)이라 했다. 현재 행정구역상으로는 인천광역시 강화군 양도면 길정리에 속한다. 능역은 전통적인 3단이 아닌 4단으로 구획됐다.

희종의 왕비인 성평왕후(成平王后) 임 씨는 10년 뒤에 사망해 강화에 안장됐다. 현재 진강산 자락에 남아 있는 능내리 석실분 또는 순경태후의

강화도 진강산 기슭에 있는 희종 석릉 전경.

희종 석릉 원경(위). 동쪽 문인석과 조선 고종 때 세운 표석(아래).

강화도 진강산 기슭에 조성되어 있는 능내리석실분(위)과 가릉 전경(아래).

무덤으로 알려진 가릉((嘉陵)이 성평왕후의 소릉(紹陵)으로 추정된다.

희종이 죽기 1년 전인 1236년(고종 23년) 고종의 며느리이자 원종의 왕비(충렬왕의 모후)인 순경태후(順敬太后)가 사망해 역시 진강산 자락에 묻혔다. 현재 가릉이라고 알려진 왕릉 또는 능내리 석실분이 그의 무덤으로 추정된다.

1259년 재위 46년 만에 고종이 붕어해 홍릉(洪陵)에 묻혔다. 홍릉은 강화 도성의 서쪽에 있는 고려산의 동쪽 기슭에 자리잡고 있다. 현재 행정 구역상으로는 인천광역시 강화군 부내면 국화리에 속한다. 원래 3단으로 조성됐는데 1919년의 조사 때 봉분의 직경이 4m 정도의 소형이고, 봉토 아랫부분에 병풍석 3개, 능 주위에 난간석이 일부 남아 있었다.

현재 석릉과 홍릉 등 강화에 남아 있는 왕과 왕후릉은 전반적으로 많은 부분이 훼손되었지만 조성 양식에서 개경의 왕릉과 큰 차이는 없다. 다만 외형상 봉분과 석실 규모가 개경 왕릉보다 작다.

고종 홍릉 전경

고종 홍릉에 세워져 있는 석인상들.

고종 홍릉 뒤에서 본 전경과 강화도 고려왕릉 위치도

　강화 왕릉의 봉분 지름은 대략 4m 이하로 개경 왕릉과 비교할 때 절반 정도이며 무덤칸의 면적도 60% 정도에 불과하다. 봉분과 무덤칸의 규모가 축소된 것은 당시 왕릉이 몽골과의 전시 상황에서 조성되었기 때문인 것으로 추정된다.

# 19

# 몽골에 항복하러 갔다 온
# 원종(元宗)의 소릉(韶陵)

### 5개의 무덤(소릉떼) 중 원종은 어디에 묻혀 있나?

# 5기의 왕릉이 모여 무덤군 형성

개성 고려궁궐(만월대)에서 주산인 송악산 정상에 오른 후 북쪽으로 이어진 능선을 타고 내려가면 매봉(또는 매봉산, 442m)이라 부르는 산봉우리가 나온다. 매봉의 북쪽에는 천마산이, 동쪽에는 오관산이 자리하고 있다. 송악산에서 매봉으로 이어지는 산능선을 경계로 서쪽은 월로동(개성시 해선리), 동쪽은 소릉동(개성시 용흥동)이다.

매봉을 북쪽으로 넘어가면 4대 광종의 헌릉이 있고, 매봉의 서쪽 남사면 왕릉골에는 '월로동 제1릉'과 '월로동 제2릉'이라 부르는 두 개의 왕릉이 있다. 또한 매봉의 동쪽 남사면 소릉동에는 24대 원종의 왕릉인 소릉을 비롯해 5기의 무덤이 모여 있다. 소릉군 또는 소릉떼라고 부른다.

소릉군 5개 무덤 중 제일 서쪽에, 가장 높이 있는 무덤이 제1릉이고, 동쪽으로 2, 3, 4, 5릉 순서로 배치되어 있다. 무덤의 주인공이 정확히 밝혀져 있지 않기 때문에 능호 대신 번호로 구분한다.

조선 고종(高宗) 4년(1867년)에 각 능 앞에 표석을 세울 때 소릉을 제외한 4개의 능 앞에 각각 '고려 제2릉', '고려 제3릉', '고려 제4릉', '고려 제5릉'으로 표기했다고 한다.

소릉으로 추정되는 소릉군 제1릉은 현재 행정구역상 개성시 용흥동(일제 강점기 때는 경기도 개성군 영남면 소릉리 내동)에 위치하며, 북한의 보존급 유적 제562호로 지정되어 있다.

『고려사(高麗史)』에 따르면, 1274년(원종 15) 6월에 재위 15년 만에 제

고려 24대 원종의 무덤인 소릉(韶陵)으로 추정되는 소릉군 제1릉 뒤쪽에서 본 전경. 오른쪽으로 매봉 줄기와 멀리 송악산이 보인다.

상궁(堤上宮)에서 승하하여 그 해 9월에 소릉에 장례 지냈다고 했다. 그러나 조선 시대에 들어와 소릉의 위치는 소실됐다. 16세기에 편찬된 『신증동국여지승람』에도 소릉이 개성부 북쪽 15리에 있다고만 기록돼 있다.

북한 학계에서는 소릉군 1릉을 원종의 무덤으로 유력하게 보고 있지만, 표석에는 '소릉'이 아니라 '소릉군 제1릉'이라고 표기해 단정 짓지는 않았다. 그러나 소릉군 4릉은 원종 소릉이 조성된 13세기 후반이 아니라 14세기 후반에 축조된 왕릉이기 때문에 원종왕릉이 아니다.

북한은 2013년 개성지역 역사 유적이 유네스코 세계문화유산에 등록된 지 3년 뒤인 2016년 무너져 내린 병풍석과 석축을 보완하는 등 소릉

군의 무덤들을 대대적으로 정비했다.

소릉으로 추정되는 '소릉군 1릉'은 매봉에서 남쪽으로 뻗어 내린 산기슭을 깎아 경사면에 4단으로 축조됐다. 제1단 중앙의 봉분은 정남향이며 지면 위에 기단석(基壇石)을 12각으로 깔아놓고 그 위에 병풍석을 둘렀다. 1954년과 1963년의 조사 당시 봉분의 높이는 3.3m, 지름은 10m였는데, 2000년대 조사 결과 봉분의 높이가 2.1m로 낮아졌다.

병풍석의 면석에는 12지신상(支神像)이 조각되어 있었을 것으로 추정되지만 모두 마모되어 현재 확인이 불가능하다. 봉분 뒤로 돌담(曲墙)을 돌렸는데, 그때 쌓았던 돌들이 남아 있다. 병풍석으로부터 50㎝ 밖으로 난간석(欄干石)을 12각으로 둘러 세웠다. 난간 기둥은 10여 개가 남아

송악산 북쪽에 있는 고려왕릉 위치도

있다.

무덤 앞에 조선 고종 때 세운 능비는 사라졌다. 봉분의 네 모서리에 석수(石獸)가 한 쌍씩 배치되어 있었던 것으로 보인다. 현재는 6개의 석수만 확인된다. 봉분 앞쪽에 장대석(長臺石)을 3단으로 축석하여 제2단과 구분하였는데 높이는 1.30m 정도다. 제1단 석축 가운데에 2열로 계단을 배열하였다. 3단에서 2단으로 올라오게 계단도 설치돼 있다.

제2단에는 동서 양쪽 9.8m를 사이에 두고 문인석 한 쌍이 마주 보고 서 있다. 문인석은 양관(梁冠)을 쓰고 조복(朝服)을 입고 양손을 앞으로 모아 홀을 쥐고 있으며 대체로 두루뭉술한 편이다. 높이는 1.8m 정도다.

제3단의 동서 양쪽에는 제2단의 문인석과 일직선 위에 한 쌍의 문인석

원종 소릉으로 추정되는 소릉군 제1릉의 2단에 서 있는 서쪽과 동쪽의 문인석(위). 소릉의 3단
에 서 있는 서쪽과 동쪽의 문인석(아래).

이 마주보고 서 있다. 동쪽의 문인석은 머리 부분이 파손돼 있다. 이들 문인석 또한 2단의 문인석과 마찬가지 형태이며, 조각 수법은 정교하지 않은 편이다.

제3단에는 원래 장명등(長明燈, 능묘 앞에 설치한 석등)이 있었으나 지금은 2단으로 옮겨 놓은 지붕돌(옥개석)만 확인되고, 하부는 땅속에 묻혀 있는 것으로 추정된다. 제4단에는 정자각(丁字閣)터가 확인된다. 2019년 가을에 촬영된 사진을 보면 소릉군 1릉은 외관상 3년 전에 재정비한 모습을 그대로 유지하고 있는 것으로 보인다.

북한 학계의 조사 결과에 따르면 무덤칸의 길이는 3.42m, 동서의 너비 2.86m, 높이는 2.37m이다. 남쪽으로 너비 1.7m의 문을 냈는데, 한 장의 큰 판석으로 막았다. 무덤칸의 중심에는 관대가 있는데, 길이는 2.7m, 너비 1.3m이다.

무덤칸의 북벽에는 벽화를 그린 것이 확인됐다. 벽화는 바닥에서 약 1m 높이에 12지신상을 그렸는데, 조복을 입고 홀을 쥐었으며, 머리에 관을 쓴 모습이다. 무덤칸 천장은 세 장의 큰 화강석을 덮었으며, 회죽을 바르고 붉은 색으로 별자리를 표시해 놓았다.

1910년대까지만 해도 무덤칸 안에 말안장 같은 것이 있었다고 하는데, 북한 사회과학원 고고학연구소가 발굴했을 때 무덤 안에는 아무런 유물이 발견되지 않았다. 무덤칸에 2개의 도굴 구멍이 나 있었고, 도굴 때 들어간 구멍이 남쪽 문에서 발견된 것으로 보아 모두 도굴된 것으로 보인다. 북한은 일제 강점기 때 세 차례 도굴이 이뤄졌다고 판단한다. 소릉군 제1릉은 원종왕릉인지 여부를 두고 조선 후기부터 논란이 있지만 소릉군의 다른 네 개의 왕릉과 비교해 봤을 때 원종의 소릉이 분명하다.

‘소릉군 제2릉’(보존유적 제563호)은 제1릉에서 1km 남동쪽으로 떨어져 있고, 봉분 앞에 서 있는 2개의 망주석(높이 2.3m)이 인상적이다. 봉분의 크기는 높이 약 2m, 지름 7.7m이다. 2-3단에 4개의 문인석이 남아 있다. 능역은 4단으로 조성되었고, 1단 석축에서 6.3m 앞에 또 석축이 있으며 이 석축에서 4.7m 앞에 정자각터가 있다.

소릉군 제2릉의 전경(위)과 뒷면 전경(아래)

소릉군 제2릉의 정
면 전경(위)과 2단
과 3단에 남아 있
는 석인상들.

'소릉군 제3릉'(보존유적 제564호)은 제2릉에서 북동쪽으로 20m 정도 떨어져 있는데, 5개의 무덤 중 가장 훼손이 심한 상태다. 봉분 네 모서리에 2개씩 있던 석수는 현재 3개밖에 남아 있지 않고, 문인석은 2개가 남아 있다.

　제3릉은 다른 소릉군의 왕릉들이 4단으로 축조된 것과 달리 3단으로 조성됐다. 이것은 제3릉이 다른 능보다 시기적으로 앞서 조성됐다는 것을 의미한다. 병풍돌은 뒷산에서 흘러내린 흙으로 묻혔고, 봉분의 높이는 2.7m, 지름 8.2m이다. 석수는 현재 4개가 확인되고, 망주석은 사라졌다. 2단에 동서로 3.9m 간격을 두고 문인석 1쌍이 서 있다.

소릉군 제3릉 전경

소릉군 제3릉의 석인상(위). 제3릉의 정면(중)과 뒷면 모습(아래).

265

'소릉군 제4릉'(보존유적 제565호)은 제3릉에서 동쪽으로 약 200m 떨어져 있으며, 병풍석은 묻혀 보이지 않고 문인석이 4개 남아 있다. 문인석의 형상을 볼 때 5개의 소릉군 왕릉 중 제4릉이 가장 늦은 시기에 조성된 왕후릉으로 추정된다. 봉분의 높이는 1.6m, 지름 5m로 다른 왕릉에 비해 작은 편에 속한다.

'소릉군 제5릉'(보존유적 제566호)은 제4릉에서 북동쪽으로 500m 정도 위쪽에 있으며, 병풍석, 석축 등이 잘 남아 있다. 능역은 3단으로 축조되었고, 소릉군 왕릉 중에서 가장 높은 위치에 있다. 봉분의 높이는 2.65m, 지름은 12.8m이다. 이 왕릉은 10세기 후반에 조성된 것으로 추정된다.

소릉군 제4릉 전경

## 부왕과 왕비의 무덤은 강화도에

고려 제24대 임금인 원종(1219~1274)은 고종의 맏아들로 이름은 왕식(王植)이다. 1235년(고종 22) 태자에 책봉되고, 1259년 강화를 청하기 위해 표(表)를 가지고 몽골에 갔다. 고종이 죽자 1260년 귀국해 즉위했다. 그는 태자를 몽골에 보내는 등 몽골에 성의를 표명해 원활하게 국교를 수립하고자 했다. 배중손(裵仲孫)을 중심으로 삼별초(三別抄)가 항전을 선포하고, 3년간 대몽 항전을 벌인 것도 원종 때의 일이다.

원나라의 간섭과 무신정권 사이에 끼어 별다른 업적을 남기지 못한 원종이지만 그가 묻힌 소릉은 송악산과 매봉산 사이에 높은 지대에 만들어져 일반인의 접근이 쉽지 않았던 탓에 비교적 원형이 잘 보존될 수 있었던 것으로 보인다.

원종의 조부인 고려 22대 강종의 후릉은 소릉에서 동북쪽에 위치해 있을 것으로 추정되지만 위성사진으로는 판별이 되지 않는다. 부왕(父王)인 23대 고종의 홍릉은 현재 인천광역시 강화군 강화읍 국화리에 남아 있다.

또한 왕비 순경태후((順敬太后)의 무덤인 가릉(嘉陵)도 현재 강화도(인천광역시 강화군 양도면)에 남아 있다. 그는 태자 시절 원종과 결혼했고, 고종 31년(1244)경 원종보다 먼저 사망한 뒤 이곳에 장례 지낸 것으로 추정된다. 순경태후의 가릉이 현재 알려진 무덤이 아니라 인근에 있는 능내리 석실분이라는 주장도 있다.

몽골 침입으로 강화도에 천도했던 고려의 시련이 사후에도 개성과 강화에 따로 능이 조성돼 왕과 왕비 사이를 갈라놓고 있다.

# 20

# 25대 충렬왕의
# 경릉을 찾다

왕비릉 옆에 있었는데 그동안 왜 못 찾았는지…

# 예상치 못한 곳에서
# 충렬왕릉
# 발굴

고려 23대 고종(高宗)은 1218년(고종 5) 고려에 침입한 거란족을 몽골군과 연합해 물리친 후 이듬해 몽골과 '형제맹약'을 맺었다. 그러나 1231년(고종 18)부터 1259년까지 고려는 몽골과 '30년 전쟁'을 치른다.

전쟁을 끝내고 화친을 주도한 원종(元宗)이 즉위했지만 무신 권력자들에게 한때 왕위를 찬탈당할 정도로 왕권은 미약했다. 원종은 원나라(1260년 몽골에서 원으로 국호 변경)의 도움으로 왕위를 회복했지만 이후 원나라의 간섭과 지배를 받게 된다.

원종 사후 왕위를 승계한 맏아들 왕거(王昛)가 사망하자 아들인 충선왕은 고려에서 시호를 붙이던 관례를 깨고 죽은 부왕(父王)의 시호를 원나라에 요청했고, 그렇게 받은 시호가 '충렬왕'이다.

이때부터 고려 국왕은 '종'이 아니라 '왕'이라는 제후국 시호를 받게 됐고, 모두 '원나라에 충성하라'는 뜻이 담긴 '충(忠)'자가 붙었다. 25대 충렬왕부터 시작해 충선왕(忠宣王), 충숙왕(忠肅王), 충혜왕(忠惠王), 충목왕(忠穆王), 충정왕(忠定王) 등 6명의 국왕이다.

당시 고려 지배층은 원나라와 천자-제후국 관계로 정립함으로써 고려 왕조를 유지할 수 있었다. 원 간섭기 고려 국왕들은 재위 중 원나라의 요구에 순응하지 않았다는 이유로, 또는 양국의 정치 상황에 따라 왕위를 빼앗기거나 회복하는 등 즉위와 복위를 반복했다. 또한 국왕은 원나라 공주와 혼인을 했으며, 그 소생 자만이 국왕에 오를 수 있었다. 원나라의 부

2022년 발굴된 충렬왕 경릉의 측면 모습. 충렬왕비의 무덤인 고릉에서 서쪽으로 250m 정도 떨어져 있다.

마국(駙馬國)이 된 것이다.

'충'자가 들어가 6명의 왕 중 충렬왕, 충선왕, 충숙왕, 충혜왕의 무덤은 현재 위치를 알 수 없다. 조선 시대 때 충목왕의 능으로 비정한 명릉군 제1릉도 능의 양식상 충목왕릉이 아닐 가능성이 크다는 견해도 있어 충정왕의 총릉 외에는 왕릉의 위치가 모두 불명확하다.

## 왕비릉 서쪽에서 발견된 충렬왕릉

15세기 문신인 유호인(兪好仁)은 개성을 둘러보고 쓴 유송도록(遊松都錄)에서 "(태조 현릉) 북쪽 골짝에 두어 능(陵)이 있어 수백 보 사이에서 서로 바라보는데 거주하는 사람들이 충정왕, 충혜왕의 능이라 이른다. 그러나 인식할 만한 비석이나 푯말이 없다"라고 기록했다.

개성시 해선리 고릉동에 있는 충렬왕 경릉에서 출토된
시책 조각과 청자 조각 등 유물들.

　유호인이 본 두 개의 능은 지형상 선릉군 1릉과 3릉이거나 칠릉군의 무
덤 중 일부일 가능성이 크지만 어느 지점에서 봤는지에 따라 달라질 수
있다는 점에서 단정하기 어렵다.

　그런데 충정왕의 총릉(聰陵)은 개성 도성 남쪽 용수산 밑에 있는 것이
확실함으로 태조 현릉(顯陵) 북쪽에 있을 수 없다. 다만 이 기록이 충혜왕
의 영릉(永陵)이 태조릉 인근에 있다는 참고자료는 될 수 있을 것 같다.

　충혜왕의 영릉은 1916년 촬영된 사진이 남아 있는데 이 사진 속 무덤
이 충혜왕릉 인지는 확실치 않다. 기록에 따르면 충숙왕의 의릉(毅陵)도

도성 서쪽에 있었다. 역시 현재는 그 위치를 알 수 없다.

이러한 상황에서 2022년 5월 북한이 충렬왕의 경릉을 새롭게 발굴했다고 발표했다. 놀랍게도 그동안 거론되어 온 명릉군이나 선릉군에 있는 왕릉이 아니라 그 동안 존재가 전혀 알려지지 않았던 무덤이다.

북한이 경릉을 발굴한 곳으로 발표한 위치는 충렬왕비인 제국대장공주의 고릉(高陵)이 있는 곳에서 서쪽으로 250m 정도 떨어진 지점이다. 그 동안 이 무덤은 한 번도 왕릉으로 거론된 적이 없었다. 다만 이 무덤에서 왕이나 왕비에게 존호를 붙여줄 때 그의 덕망을 칭송하는 글을 새긴 시책(옥책)의 일부분이 나왔다는 점에서 왕이나 왕후의 능인 것은 확실하다. 특히 출토된 시책 조각에 연대를 알 수 있는 간지(干支)가 적혀 있는 것으로 추정돼 북한의 발표대로 이 왕릉은 충렬왕의 경릉으로 보인다.

이 왕릉은 계단식으로 쌓은 3개의 화강석 축대들에 의해 4개의 구획으로 나뉘어져 있다. 제일 높은 곳에 위치한 1단에는 돌난간 시설을 갖춘 봉분과 망주석이 있고, 한단씩 낮아진 2단과 3단 구획에는 각각 석인상이 두 개씩 세워져 있으며 4구획에는 제당 터가 있다.

정교하게 가공한 돌로 널찍하게 쌓아 만든 무덤칸의 크기는 남북 길이 3.65m, 동서 너비 3m, 높이 2.35m이다. 무덤칸의 동쪽 벽에는 일부 부부무덤들에서 볼 수 있는 '혼'이 드나들게 낸 구멍이 있으며 바닥에서는 무덤 천정과 벽들에 그렸던 벽화 조각들이 출토됐다.

충렬왕은 1308년(충렬왕 34) 7월 73세의 나이로 신효사(神孝寺)에서 세상을 떠났다. 아들 충선왕이 즉위하여 같은 해 10월 정유일에 왕실 법도에 따라 장례를 마쳤으며 능호는 경릉이다.

『고려사』에는 "영구가 처음 떠나자, 충선왕이 직접 거친 베로 만든 상복을 입고 손수 향로를 들고 걸어서 십천교(十川橋)에 이르러서야 견여(肩輿)를 타고 산릉(山陵)에 이르렀다. 장례를 마치자, 크게 곡(哭)을 하고 돌

충렬왕 경릉의 서쪽 측면 모습.

아와서 상복을 벗었는데, 이는 이전에 일찍이 없던 효행이라고 여겼다"라
고 기록돼 있다.

　이 기록을 참고로 충렬왕 장례 행렬의 노정을 추론해 보면 황궁의 광화
문을 나와 남대가(南大街)를 따라 내려오다 서쪽으로 난 대로를 따라가다
십천교를 건너 국왕과 사신(使臣)의 행차에 이용된 개성 외성의 선의문
(오정문)을 통과했을 것이다. 선의문 밖은 서교(西郊)라고 불렸고, 이곳에
서 북쪽으로 향하는 길과 서쪽으로 예성강에 이르는 길로 나뉜다. 충선왕
은 북쪽으로 올라가 왕비가 묻힌 고릉 서쪽에 장례를 치렀을 것이다.

275

# 21

# 논란이 많은 충선왕의 덕릉(德陵)과 충목왕의 명릉(明陵)

### 명릉군 3개 왕릉의 주인공은 누구일까

# '명릉군 제1릉'은
# 충목왕의 왕릉이
# 아니다

  개경 도성의 서쪽에 있는 왕건왕릉(태조 현릉) 앞으로 새로 난 도로를
따라 서쪽으로 800m쯤 가면 명릉골로 내려가는 길이 나온다. 이 길 양편
의 구릉지에는 고려 시기 왕릉과 조선 시대 사대부들의 무덤들이 많이 분
포되어 있다.

  가장 먼저 왼쪽으로 명릉군(明陵群) 또는 명릉떼라고 부르는 세 개의 왕
릉이 나온다. 북에서 남쪽으로 뻗어 내린 만수산 줄기의 남쪽에 자리잡고
있는데, 서쪽부터 제1릉, 제2릉, 제3릉의 순서로 약 40m와 100m의 거
리를 두고 평지보다 10m 정도 높은 위치에 나란히 있다.

  명릉군 제3릉에서 동쪽으로 봉우리를 하나 넘으면 새로 발굴된 충렬왕
의 경릉이 자리잡고 있다. 명릉군의 마주 보이는 서쪽 봉우리에도 많은
무덤들이 조성되어 있는데, 서촉(西蜀) 명 씨(明氏)들의 무덤이다. 이 무덤
군과 길 하나를 사이에 두고 동쪽 봉우리에도 여러 무덤들이 존재하는데,
그중 가장 높은 곳에 팽태후((彭太后)의 숙릉((肅陵)과 그의 아들 명승(明
昇) 부부의 묘가 자리잡고 있다.

  명승은 중국 서촉(西蜀)을 근거지로 세운 명하(明夏)의 황제 명옥진(明
玉珍, 1331~1366)의 아들이다. 그는 1362년 명하 제국의 황태자로 책봉
되었으며 1366년 11세 어린 나이로 군주(君主)에 등극하였지만 명나라
태조 홍무제 주원장(洪武帝 朱元璋)이 명하(明夏)를 멸망시키자 항복하여
귀의후(歸義侯)에 봉해졌다. 그 후 1372년(고려 공민왕 21년, 명 태조 홍

무 5년) 5월 명나라 태조는 팽태후와 명승을 고려에 보냈고, 그와 그의 가족들은 고려에 귀화해 살다가 이곳에 묻혔다.

지금까지는 명릉골 북쪽에 있는 3개의 고려왕릉 중 가장 서쪽에 있는 '제1릉'을 고려 29대 충목왕의 무덤으로 판단해 왔다. 명릉군은 현재 행정구역상으로는 개성시 해선리(일제 강점기 때 경기도 개성군 중서면 연릉리 명릉동)에 속한다. 북한은 이 무덤군을 보존유적 제549호로 지정해 관리하고 있다. 2013년 개성 역사 지구가 유네스코 세계 문화유산으로

명릉군(명릉떼)은 2013년 개성역사지구가 세계문화유산으로 지정될 때 포함되었다.

개성시 해선리에 있는 명릉군 전경. 왼쪽부터 명릉군 제1릉, 제2릉, 제3릉이라고 부른다. 뒤에 보이는 봉우리 너머에 왕건왕릉이 있고, 멀리 송악산이 보인다.

지정될 때 명릉군도 포함됐다.

『고려사』에 따르면 충목왕은 1348년(충목왕 4) 12월 정묘일에 나이 12세로 김영돈(金永旽)의 집에서 세상을 떠나 다음 해 3월 정유일에 명릉에 장례 지냈다. 16세기에 편찬된 『신증동국여지승람』에는 명릉이 "개성부 서쪽 12리에 있다"고 기록돼 있다. 12리(里)는 대략 5.5km 정도이다. 개성에서 명릉까지의 거리와 비슷하다.

그러나 임진왜란과 병자호란을 겪은 후에 명릉군의 3개 왕릉 중 어느 것이 명릉인 지 알 수 없게 되었다. 조선 현종 때 기록에는 개성부 서쪽 10리 만수산 남쪽 기슭에 속칭 명릉동이 있는데, 3개의 고려왕릉 중 하나가 필시 충목왕릉이겠지만 표지석이 없어 누구의 능인지, 명릉인지 알 수 없다고 보고되어 있다.

조선 고종(高宗)실록에는 "고려 충목왕(忠穆王) 명릉(明陵)의 산직소(山直所)가 보고하기를, 지난밤에 알지 못할 어떤 놈이 능의 북쪽 봉토(封土)를 몰래 파헤쳤다고 하였습니다. 그러므로 달려가 봉심하니, 길이와 너비가 3, 4자가량 되고 깊이도 4자가량 되었습니다"란 기록이 보인다. 이때 명릉은 명릉군 제1릉이다. 고종 때는 확실히 명릉군 제1릉을 충목왕릉이라고 확신하고 있었던 것이다.

일제가 작성한 『대정5년도고적조사보고(大正五年度古蹟調査報告)』에서도 명릉군(明陵群)이라는 이름으로 표기됐었는데, 명릉군 제1릉을 명릉으로 추정했다.

북한 학계에는 대체적으로 제1릉을 명릉으로 비정하고 있지만, 명릉을 '명릉떼 제1릉'와 함께 적어 표기하기도 한다. 명릉군 제1릉을 명릉으로 단정하기 어렵기 때문일 것이다.

명릉군 제1릉의 측면 전경(위)과 소선 고종 때 세운 능비. 능비는 세 조각으로 깨진 채 세워져 있다.

## 명릉군 제1릉이 충목왕릉이 아닌 이유

이처럼 명릉군 3개의 고려왕릉이 있는 마을은 조선 시대 혹은 그 이전부터 민간에서 '명릉동'이라고 불렸다. 그러나 현재까지의 추정처럼 명릉군 제1릉이 충목왕의 명릉이라는 정확한 근거는 없다고 할 수 있다. 오히려 명릉군 제1릉은 충목왕릉이 아니라는 주장이 더 설득력이 있다.

두 가지 이유다. 첫째는 명릉군 제1릉의 위치이다. 명릉군의 세 왕릉은 서쪽에서 동쪽으로 조금씩 낮은 위치에 조성되었다. 같은 능선에 나란히 조성된 고려왕릉의 경우 위계상 가장 서쪽의 왕릉이 동쪽의 왕릉보다 높다. 그렇기 때문에 명릉군 제2릉을 충선왕의 덕릉으로 본다면 충선왕의 증손자인 충목왕의 왕릉이 충선왕릉보다 더 높은 곳에 조성되었다고 보기 어렵다. 따라서 명릉군 세 개의 왕릉 중 하나가 충목왕의 명릉이라면 충목왕릉은 명릉군 제1릉이 아니라 제3릉일 가능성이 크다.

둘째는 발굴 결과 명릉군 제1릉의 무덤칸 양식이 10세기 형식을 보여준다는 점이다. 제1릉의 무덤칸 안에 설치된 관대는 두께 31cm의 통돌로 만들어졌고, 관대 동서 양쪽에 유물 받침대가 설치돼 있다. 이렇게 유물 받침대가 두 개 설치된 양식은 태조 현릉, 온혜릉, 서구릉, 정종 안릉 등 고려 초기인 10세기에 조성된 왕릉에서만 전형적으로 나타난다. 이것은 명릉군 제1릉이 충목왕릉이 아니라 고려 초기의 왕 또는 왕후의 능이라는 결정적 근거이다.

1910년대 일제의 조사 보고에 따르면 '명릉군 제1릉'은 3개의 무덤 중 능역이 가장 협소하고 병풍석은 원래 12각형이었으나 파괴되어 잔석을 모아 보수했다. 난간석의 잔석이 원형으로 되어 있으며, 능 앞에 능비가 서 있었다. 석호(石虎)와 석양(石羊)의 석수 4구가 남아 있었다고 한다. 명릉군 제1릉은 1910년대에 촬영된 사진과 최근 촬영된 사진을 비교해 보면 거의 비슷한 외경을 보여준다.

명릉군 제3릉 전경(위). 제3릉의 동쪽 문인석. 명릉군 제3릉은 충목왕의 명릉일 가능성이 있다.

명릉군 제1릉의 외관은 과거 여러 구역으로 구분되었을 것으로 추측되지만 현재는 봉분이 있는 1단만 남아 있다. 병풍석(屛風石)이 설치된 봉분(封墳)과 난간석(欄干石)이 남아 있고, 석수(石獸)는 보이지 않는다. 병풍석에는 십이지신상이 새겨져 있다. 고종 4년에 세운 능비가 세 도막으로 깨진 채 남아 있는 게 확인된다.

1983년 북한 사회과학원 고고학연구소는 이 능을 발굴해 무덤칸(묘실)은 남향으로 반지하에 설치되었고, 단실(單室)의 석실봉토분(石室封土墳)이라고 발표했다. 봉분의 높이는 2.3m, 직경은 8m로 조사됐다. 관대(棺臺)는 무덤칸의 중심에 남북으로 길게 놓였는데, 곱게 다듬은 화강석으로 길이 2.3m, 너비 87cm, 두께 31cm로 조사됐다.

회벽은 거의 떨어져 벽화의 내용을 알 수는 없지만, 북벽에 연꽃과 나비가 그려져 있었다. 천장에는 별 그림이 약간 남아 있는 것으로 조사됐다. 일제 강점기에 두 번이나 도굴되었다고 하며, 출토 유물에 관한 기록은 없다.

이와 같이 능의 위치나 발굴 결과 확인된 통돌관대, 유물 받침대 등의 유물은 명릉군 제1릉이 충목왕릉이 아니라는 것을 잘 보여준다. 그런 점에서 충목왕릉은 제2릉에서 동남쪽으로 100m 정도 떨어져 있는 명릉군 제3릉일 것으로 추정된다.

『신증동국여지승람』에는 충목왕릉 외에도 25대 충렬왕(忠烈王)의 경릉(慶陵), 26대 충선왕(忠宣王)의 덕릉(德陵)이 "개성부 서쪽 12리에 있다"고 기록돼 있다. 따라서 적어도 조선 중기까지는 충목왕, 충렬왕, 충선왕의 무덤 위치를 파악하고 있었고, 3개의 능이 나란히 있는 명릉군의 왕릉을 지칭했을 가능성이 크다.

그러나 조선 고종(高宗) 4년(1867)에 능 앞에 표석을 세울 때 명릉을 제외한 2개의 능 앞에 각각 '고려왕 제2릉', '고려왕 제3릉'으로 표기했다.

명릉군 제1릉과 제2릉 전경.

충렬왕과 충선왕의 무덤이 어느 것인지 정확히 알 수 없게 된 것이다. 다만 제2릉은 충렬왕의 경릉, 제3릉은 충선왕의 덕릉일 것이라는 추정을 가능케 했다. 문제는 2022년 북한이 제3릉의 동쪽 언덕 너머에서 충렬왕릉을 새로 발굴했다는 점이다. "개성부 서쪽 12리"에 있는 왕릉 하나가 더 확인된 것이다. 그 결과 충목왕릉을 기존의 명릉군 제1릉이 아니라 제3릉으로 확정할 수 있는 합리적인 근거가 마련되었다.

충목왕릉으로 추정되는 명릉군 제3릉은 약간 서쪽으로 치우친 남향으로 조성되었고, 제2릉과 마찬가지로 외부는 네 구역으로 나뉜다. 상단인 제1구획에는 12각형의 병풍석이 설치된 봉분과 난간석, 석수 등이 있다. 봉분은 지름이 8.4m이고, 높이는 2.7m이다. 병풍석에는 십이지신상이 새겨져 있고, 난간석은 기둥만 남아 있으며, 2개의 석수가 확인된다. 2단과 3단에는 좌우로 문인석이 1쌍씩 서 있다. 4단에는 정자각터가 남아 있다.

1910년대 촬영된 사진과 비교해 보면 현재 명릉군 왕릉의 경우 1980년대에 북한이 고려왕릉 양식에 따라 보수해 정비한 것으로 보인다.

충목왕(1337~1348)은 충혜왕의 아들로 이름은 왕흔(王昕)이다. 원나라에 볼모로 가 있다가, 1344년(충혜왕 복위 5) 선왕이 죽자 원나라에서 귀국해 즉위했다. 충목왕은 재위 4년 만에 죽었다.

## 고려사 기록으로 추정한 충선왕릉

명릉군 제1릉이 태조 왕건의 왕후릉으로, 명릉군 제3릉이 충목왕릉으로, 제3릉 동쪽에서 새로 발견된 왕릉이 충렬왕릉으로 추정되면서 자연스럽게 명릉군 제2릉은 고려 26대 충선왕릉으로 비정할 수 있게 되었다.

『고려사』에 기록된 충렬왕의 경릉과 충선왕의 덕릉 참배 기사를 보면 두 능의 위치를 짐작할 수 있는 중요한 대목이 나온다. 특히 공민왕의 참배 기록이 주목된다.

공민왕은 1370년 11월 충렬왕의 기일에 즈음하여 현릉, 경릉, 선릉(善陵), 고릉(高陵), 덕릉(德陵) 등 다섯 능에 참배했다. 2년 뒤인 1372년 11월에도 공민왕은 같은 순서로 현릉, 경릉, 의릉(毅陵), 선릉, 고릉, 숙릉(淑陵), 덕릉의 여러 능에 친히 제사를 지냈다.

여기서 경릉은 충렬왕의 능이고, 의릉은 충숙왕의 능이다. 『고려사』에 능호가 기록되어 있지 않은 선릉은 정황상 충숙왕의 제1비인 복국장공주(濮國長公主)의 능으로 보인다. 고릉은 충렬왕의 왕비인 제국대장공주의 능이고, 덕릉은 충선왕릉이다. 숙릉은 『고려사』에 능호가 기록되어 있지 않는데, 충선왕의 왕비이자 충숙왕의 모후인 의비(懿妃)의 무덤으로 보인다. 의비는 1316년 원나라에서 사망해 화장하였다가 3년 뒤에야 고려로 돌아와 연릉(衍陵)에 묻혔다. 연릉은 후에 숙릉으로 변경됐다고 한다.

덕릉과 숙릉, 의릉과 선릉은 항상 연관되어 같이 기록되어 있다. 즉 충렬왕과 충렬왕비의 능이 250m 정도 떨어져서 인접해 있는 것처럼 충선왕과 충선왕비, 충숙왕과 충숙왕비의 능도 가깝게 조성되어 있었던 것이다. 또한 공민왕의 기록을 통해 하루에 5~6개의 왕릉에 참배할 수 있을 정도로 이 왕릉들이 인접해 있다는 것을 알 수 있다.

문제는 『고려사』에 기록된 공민왕의 동선이다. 상식적으로는 태조 현릉-증조부(충렬왕)-조부(충선왕)-부왕(충숙왕)의 순으로 참배했을 것 같다. 그러나 『고려사』는 두 번 모두 태조 현릉-증조부(충렬왕)-부왕(충숙왕)-조부(충선왕)의 순으로 기록했다. 왕후릉의 경우에는 충숙왕비-충렬왕비-충선왕비 순으로 기록했다. 그렇다면 이 기록은 태조 현릉 참배 이후에는 공민왕이 서열을 무시하고 각 능을 참배하기 편리한 순서대로 이동했다는 것을 의미한다.

공민왕의 참배 순서를 토대로 추론해 보면 공민왕은 충렬왕과 충숙왕의 기일에 맞춰 태조 왕건의 현릉에 먼저 참배하고, 현릉에서 남쪽으로 걸어서 1km 정도 떨어진 충렬왕의 경릉에 참배했다. 그리고 다시 북쪽으로 1.8km 정도 떨어진 칠릉군의 두 왕릉에 참배한 뒤 다시 남쪽으로 같은 길을 되돌아와 2km 정도 떨어진 고릉에 참배하고, 숙릉을 참배한 후 명릉군의 한 왕릉을 참배했을 가능성이 크다.

현재로서는 첫 번째 공민왕의 동선은 좀 이해하기 어려운 여정일 수도 있다. 태조 현릉을 참배한 후 남쪽에 있는 경릉을 참배했다면 굳이 다시 북쪽으로 올라갔다가 남쪽으로 내려와 고릉과 덕릉을 참배하는 것은 순리적인 동선이 아니기 때문이다.

하지만 공민왕이 궁궐로 돌아오거나 서쪽의 신효사로 가는 여정을 고려하면 덕릉을 마지막 참배 왕릉으로 삼은 이유가 납득이 된다. 덕릉이 개성 도성으로 들어가는 선의문과 가장 가깝고, 신효사로 가는 노선 상에 있기 때문이다.

또한 『고려사』의 기록에 따르면 1366년(공민왕 15) 공민왕 왕비 노국대장공주의 능을 건설하는 공사가 시작됐는데 "덕릉(德陵)의 나무를 거의 전부 쳐서 재실(齋室)을 짓는데 덕릉의 능지기는 감히 금하지 못했다"고

명릉군 제2릉 전경(위), 제2릉의 병풍석에 새겨진 12지상 중 말상.

한다. 정릉에서 동쪽으로 가장 인접한 왕릉이 바로 명릉군이다.

따라서 『고려사』에서 확인되는 공민왕의 여러 왕릉 참배 기록은 제사를 지낸 순서대로 적은 것인지는 좀 더 검토가 필요하지만, 서열을 무시하고 증조부(충렬왕), 부(충숙왕), 조부(충선왕)의 순으로 되어 있다는 점에서 공민왕의 동선을 반영한 기록으로 보인다.

이 해석이 타당하다면 충선왕의 덕릉은 명릉군 제2릉이 확실하다. 명릉군 3개의 왕릉 중 제1릉은 10세기에 조성된 왕후릉이고, 명릉군 제3릉은 명릉군 제2릉보다 후대에 조성됐다는 점에서 명릉군 제2릉이 충선왕의 덕릉인 것이다.

역사적 상상력을 발휘해 본다면 공민왕은 1372년 도성의 서쪽 대문인 선의문을 나와 태조 현릉을 가장 먼저 참배한 후 증조부인 충렬왕 경릉에 갔다가 북쪽으로 올라가 부왕 충숙왕의 의릉과 충숙왕비 선릉을 참배하고, 다시 남쪽으로 내려와 충렬왕비 고릉을 참배한 후 마지막으로 충선왕비의 숙릉과 충선왕의 덕릉에 참배하고 서쪽에 있는 신효사에 가서 1박한 후 다음 날 정릉(노국공주의 무덤)을 찾아 제사를 지냈다.

다만 현재 남아 있는 왕릉을 고려해 충선왕비(계국대장공주)의 왕릉을 칠릉군 제4릉으로 비정할 경우 『고려사』에 기록된 공민왕릉의 참배기록은 좀 더 세밀한 검토가 필요할 것이다.

충선왕릉으로 추정되는 왕릉은 명릉군 제1릉에서 동남쪽으로 40m 정도 떨어져 있다. 능역은 크게 네 구역으로 나뉜다. 1910년대에 촬영된 명릉군 제2릉의 사진을 보면 석축은 무너져 있었고, 봉분 앞에 석주와 난간석, 석수가 어지럽게 널려 있는 모습이다.

현재 1단에는 12각형의 병풍석이 설치된 봉분과 난간석, 석수, 망주석 등이 남아 있다. 병풍석에는 십이지신상이 새겨져 있으며, 말상을 비롯해 2개가 뚜렷하게 확인된다.

명릉군 제2릉의 동쪽 석인상(위)과 서쪽 석인상(아래)

북한의 조사 자료에 따르면 봉분의 지름은 9.6m, 높이는 2.35m이다. 난간석은 기둥만 남아 있고, 망주석은 봉분 정면 좌우에 한 개씩 2기가 세워져 있다. 2단과 3단에는 문인석(文人石) 한 쌍이 좌우로 마주 보고 있다. 3단 석축에서 6m 앞에는 정자각 주춧돌이 남아 있어 이곳에 정자각이 세워져 있었다는 것을 보여준다.

한편 충선왕비의 숙릉은 현재로서는 칠릉군 제4릉이 유력해 보인다. 이 왕릉은 칠릉군의 다른 왕릉보다 능역이 넓고, 원뿔형 망주석이 충렬왕릉에 서 있는 것과 유사하다. 즉 칠릉군 제4릉은 충렬왕릉이 조성된 1308년과 비슷한 시기에 축조되었고, 충숙왕릉으로 추정되는 칠릉군 제2릉(1339년 축조)보다 앞서 조성된 것으로 추정된다. 봉분은 높이 1.3m, 지름 5.6m로 다른 왕릉에 비해 작은 편이다.

22

# 충숙왕의 의릉(毅陵)과
# 폐위된 충혜왕의 영릉(永陵)

베일에 싸인 칠릉군의 왕릉 주인공들

# 칠릉군에 묻힌
# 7개 왕릉의
# 능주는?

충선왕의 아들이자 충혜왕과 공민왕의 부왕인 고려 27대 충숙왕은 정치적 곡절을 많이 겪었다. 그는 1313년 왕위에 올랐으나 심양왕 왕고(王暠)가 왕위를 노리고 그를 힐뜯어, 5년간 연경에 체류해야 했다. 1325년 귀국하였으나 정사에 염증을 느껴 1330년 태자 왕정(충혜왕)에게 왕위를 넘기고 원나라에 갔다. 그러나 원나라가 황음무도(荒淫無道)하다는 이유로 충혜왕을 폐위하자 1332년에 복위되었다.

그 뒤 충숙왕은 원나라의 무리한 세공(歲貢)을 삭감하고, 공녀(貢女)·환자(宦者)의 선발 등을 중지하도록 청원하는 행적을 보였으나, 여전히 연락(宴樂)과 사냥에 몰두하여 정사를 돌보지 않았다고 한다. 복위 7년만인 1339년 3월 승하하니 시호는 의효(懿孝)이고, 능호는 의릉(毅陵)이다.

의릉은 개성에 있다고 기록되어 있을 뿐 정확한 위치는 알 수 없다. 다만 『고려사』에 기록된 아들 공민왕의 충숙왕릉 참배기록을 통해 좀 더 세부적인 위치를 추론해 볼 수 있다.

공민왕은 1367년(공민왕 16년) 3월 충숙왕의 기일에 즈음해 태조 현릉(顯陵), 충숙왕 의릉(毅陵), 선릉(善陵)에 참배하고 별제(別祭)를 지냈다. 다음해 3월에도 공민왕은 현릉, 의릉, 선릉에 참배하고 왕비가 묻힌 정릉(正陵)으로 갔다.

이 기록을 통해 볼 때 충숙왕의 의릉은 태조 현릉과 가까운 거리에 있고, 선릉과도 인접해 있다. 선릉은 충숙왕의 정비인 복국장공주(濮國長公

主, 1319년 사망)의 무덤으로 추정된다. 공민왕의 모후인 명덕태후 홍씨의 영릉(令陵)이 선릉으로 개칭됐다는 주장도 있지만 명덕태후는 공민왕보다 오래 살았기 때문에 이치에 맞지 않는다.

앞에서 명릉군 제2릉과 제3릉을 충선왕과 충목왕릉으로 비정했기 때문에 충숙왕의 의릉은 태조 현릉의 북쪽에 있는 왕릉 중에서 찾아야 한다. 그중에서도 현재 칠릉군이라고 불리는 7기의 왕릉 중의 하나가 유력하다.

조선 후기에 나온 『송경광고(松京廣攷)』는 충숙왕의 의릉을 소개하면서 왕릉의 위치를 알 수 없다고 하면서도 고려 말 유학자인 이제현(李齊賢)이 쓴 시 '황교만조(黃橋晚照)'를 인용해 놓았다. 이제현은 송도팔경을 노래하며 '황교의 저녁노을'을 꼽았는데, 이 시 내용 중에 "석양에 길을 가다 문득 머리 돌리니(夕陽行路却回頭), 붉게 물든 나무는 오릉의 가을철이라(紅樹五陵秋)"란 대목이 있다. 송경광고의 편자는 이 시에 나오는 "오릉"을 현재 칠릉군에 있는 다섯 개의 왕릉으로 해석했다. 이제현이 이 시를 지을 때는 칠릉군의 왕릉 중 두 개의 왕릉(1380년에 조성된 것으로 추정되는 제3릉과 제6릉)이 아직 조성되기 전이기 때문에 7릉이 아니라 5릉이라고 하는 것이 타당하다.

송경광고의 편자가 충숙왕의 의릉과 충혜왕의 영릉 항목에 유독 이 구절을 인용해 놓은 이유는 충숙왕릉과 충혜왕릉이 이 왕릉들 중에 있다고 판단했기 때문이 아닐까?

2013년 세계문화유산으로 등록된 칠릉군은 행정구역상 개성시 해선리 칠릉골에 자리하고 있다. 태조 왕건의 현릉 서쪽에 있는 소로를 따라 북쪽으로 가면 낮은 언덕에 동서로 7개의 왕릉이 나타난다. 직선거리로는 현릉에서 제7릉까지 480m, 제1릉까지는 740m 떨어져 있다.

칠릉군 중 제1릉~제6릉 전경

1910년대 촬영된 칠릉군 제2릉(위)과 현재 칠릉군 제2릉의 전경(아래).

## 충숙왕릉은 칠릉군 중의 하나

그렇다면 칠릉군 7기의 왕릉 중 충숙왕의 무덤은 어느 것일까?

가장 유력한 무덤은 비슷한 시기에 조성된 것으로 추정되는 칠릉군 제 2릉과 제5릉이다. 제2릉은 4단으로 조성됐고, 봉분 높이는 2.6m, 지름 은 10m이다. 현재 봉분 앞에 망주석 2개, 2단과 3단의 동서 양쪽에 각각 문인상 한 쌍이 남아 있다.

무덤칸의 남북 길이는 3.62m, 동서 너비는 2.8m이며 높이는 2.16m 이다. 청정은 3장의 큰 화강석을 덮었고, 벽과 천정은 회죽으로 미장을 하고 벽화를 그렸던 것으로 추정된다. 1991년 발굴 당시 동서 벽 양쪽에 도굴 구멍이 나 있는 게 확인됐다.

특히 북한의 발굴 보고에 따르면 중국에서 주조된 화폐 100여 개가 발 굴됐는데, 주로 송나라 때 화폐였지만 원나라 세조 때 주조된 지원통보 (至元通寶)도 나와 주목된다. 원나라에서 지원(至元)이라는 연호를 사용한 시기는 1264년부터 1294년까지로 고려로 치면 대체로 충렬왕대에 해당

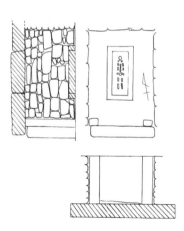

7릉떼 2릉 내부 구조 실측도

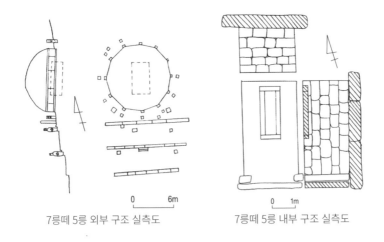

7릉떼 5릉 외부 구조 실측도    7릉떼 5릉 내부 구조 실측도

개성시 해선리에 있는 칠릉군 제5릉 전경.

한다. 즉 이 무덤은 13세기 후반 이후에 조성된 것임을 알 수 있다.

제5릉은 산 경사면에 4단으로 조성됐고, 병풍석에 12지신상이 조각되어 있다. 봉분의 높이는 2.3m, 직경은 10.4m이다. 현재 봉분 옆에 2개의 석수가 남아 있고, 망주석은 원래 동서 양쪽에 세운 것으로 추정되지만 동쪽에만 남아 있다. 그리고 2단과 3단의 동서 양쪽에 각각 문인상 한 쌍이 있다. 그리고 4단에 정자각터가 남아 있다.

남한 학계에서 칠릉군 제2릉과 제5릉은 능의 구조상 12세기 후반에서 13세기 후반에 조성된 것으로 파악하고 있는데, 제2릉에서 13세기 후반에 주조된 지원통보가 출토됐다는 점에서 이 두 왕릉은 14세기에 조성됐을 가능성이 크다. 이것은 1319년에 사망한 충숙왕비 복국장공주, 1339년에 사망한 충숙왕의 무덤 조성 시기와 일치한다.

따라서 칠릉군 제2릉이 충숙왕의 의릉이고, 2릉에서 남동쪽으로 250m 정도 떨어져 있는 제5릉이 복국장공주의 선릉(善陵)일 가능성이 큰 것으로 판단된다.

충숙왕에게는 4명의 왕비가 있었다. 그중 덕비 홍 씨는 열여섯 살 때인 1313년 8월에 충숙왕과 혼인하였지만, 세 명의 원나라 공주들에게 밀려 왕비 자리를 내줘야만 했다.

그러나 아들들인 충혜왕과 공민왕이 차례로 왕위에 오르자 명덕태후(明德太后)가 되었고, 공민왕 사후 6년 뒤인 1380년에 사망해 영릉(令陵)에 묻혔다. 시호는 공원왕후(恭元王后)이다. 우왕과 창왕 때는 영릉에 제사를 지내지 않다가 공양왕 3년에 이르러 제사를 지내기 시작했다.

명덕태후의 영릉은 칠릉군 제3릉일 것으로 추정된다. 능의 규모는 작으나 구조와 수법이 공민왕릉과 흡사하고 석조물들의 조각이 뛰어나기 때문이다. 제3릉은 현재 무덤 구역이 비교적 완전하게 남아 있다. 능역은 4단으로 조성됐으며, 봉분의 크기는 높이 2.4m, 직경 7.6m이다. 1단에

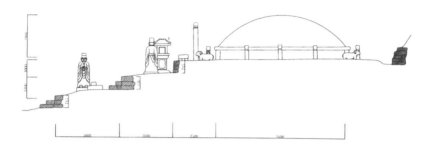

7릉군 3릉 외부 구조 실측도(위)와 3릉 정면 전경(아래)

는 봉분과 난간석, 석수, 망주석, 상석 등이 잘 남아 있고, 2단에는 문인
상 한 쌍이, 3단에는 무인상 한 쌍이 남아 있다. 문인상과 무인상을 구별
해 세웠다는 점에서도 공민왕릉과 유사하다.

## 충혜왕의 영릉은 소실?

한편 충숙왕의 맏아들 왕정(王禎)이 왕위를 이어받으니 고려 28대 충혜왕이다. 원나라에서 보내온 책봉문에는 다음과 같이 기록되어 있다.

"대대로 충성과 절조를 돈독하게 하였으니 백성들을 맡아 다스리기에 충분하며, 왕가(王家)를 일으키고 어질게 왕위를 양위(讓位)하니 작위와 봉토를 전하여 주는 것이 마땅하므로, 적임자가 아니고서야 어찌 능히 나라를 세울 수 있겠는가? 아! 너희 고려국 세자 왕정은 우리 황실의 인척으로서 명성을 얻었도다. 큰 왕업을 이어오면서 가르침[聖敎]를 삼가 받들었으며 오랜 세월 동안 신하로서의 절개를 지키면서 어그러지는 게 없었도다. 마침 그대의 아비가 왕위에서 물러나 한가로이 지내고자 하므로, 이에 바른 계통[正系]인 그대가 왕위를 계승하도록 하노라.

그러나 『고려사』에 따르면 충혜왕은 "아름다운 덕"을 쌓기보다는 "여색(女色)을 매우 탐하여 도리에 어긋나는 행동을 저질러 백성의 원성을 샀다"고 한다.

충혜왕은 1343년 12월에 원나라로 압송되었고, 유배지로 가던 중에 악양현에서 30세의 나이로 사망했다. 그의 유해는 고려로 돌아와 개성의 영릉(永陵)에 묻혔으나 현재 정확한 위치는 파악되지 않는다.

일제 강점기에 충혜왕릉으로 추정되는 무덤을 촬영한 사진이 남아 있지만 현재 위치는 파악되지 않다. 이 사진을 근거로 영릉의 위치는 개성 진봉산 동쪽에 있는 5대 경종의 영릉(榮陵) 남동쪽 인근으로 추정돼 왔다. 이 추정대로라면 현재 경종의 영릉 인근에는 왕릉으로 추정되는 무덤이 남아 있지 않아 충혜왕의 영릉은 소실된 것으로 판단할 수밖에 없다.

충혜왕릉으로 추정 가능한 선릉군 제3릉 전경.

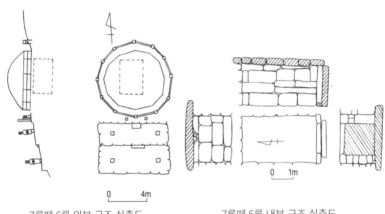

7릉떼 6릉 외부 구조 실측도          7릉떼 6릉 내부 구조 실측도

    다만 일제 강점기 때 '충혜왕릉'으로 전해지는 왕릉을 조사한 일본 학자들 스스로도 추정이라고 했다. 이 추정이 잘못된 것이라면 충혜왕릉은 선릉군 제3릉일 가능성이 있다.

    실제로 조선 초기까지만 해도 선릉군의 무덤 중 1개가 충혜왕의 무덤

칠릉군 제6릉 전경. 무덤칸에 관대가 설치되어 있지 않고, 정자각도 조성되지 않았다.

이라는 설이 있었다. 15세기 문신인 유호인(兪好仁)은 개성을 둘러보고 쓴 유송도록(遊松都錄)에 "(태조 현릉) 북쪽 골짝에 두어 능(陵)이 있어 수백 보 사이에서 서로 바라보는데 거주하는 사람들이 충정왕, 충혜왕의 능이라 이른다"라고 기록해 놓았다. 당시 마을 사람들이 선릉군의 한 개 왕릉을 충혜왕릉으로 인식하고 있었던 것이다.

충혜왕의 뒤를 이은 충목왕은 충혜왕을 태묘에 합사했고, 동생 공민왕은 충혜왕에게 존호를 더했다. 이러한 사실은 충혜왕이 비록 '악행'으로 원나라에 압송돼 유배지에 가는 길에 사망했지만, 그의 왕릉은 지속적으로 관리됐을 가능성을 보여준다.

충혜왕이 죽은 후 그의 아들 충목왕이 8세의 어린 나이로 왕위에 올랐고, 충혜왕의 왕비인 정순숙의공주(덕녕공주)가 섭정을 했다. 충목왕은 4년 만에 단명해 1348년 명릉(明陵)에 안장됐고, 정순숙의공주는 1375년

7릉군 7릉 전경과 정면 모습.

**칠릉군 왕릉 현황**

| 번호 | 능역 | 망주석 | 상석 | 석등 | 석인 | 관대 | 출토 유물 | 조성 연대 추정 |
|------|------|--------|------|------|------|------|-----------|----------------|
| 제1릉 | 3단 | × | × | × | 2단: 석인상 1쌍 1쌍 소실 | ○ | 청자잔, 금동장식 띠, 석간 등 | 11-12세기 |
| 제2릉 | 4단 | 1쌍 | × | × | 2단: 석인상 1쌍 3단 :석인상 1쌍 | ○ | 금·은제품, 구슬 등 | 14세기 |
| 제3릉 | 4단 | 1기 | ○ | ○ | 2단: 석인상 1쌍 3단: 석인상 1쌍 | ○ | | 14세기 후반 |
| 제4릉 | 4단 | 1쌍 | × | × | 2단: 석인상 1쌍 3단: 석인상 1쌍 | ○ | | 14세기 초반 |
| 제5릉 | 4단 | 1기 | × | ○ | 2단: 석인상 1쌍 3단: 석인상 1쌍 | ○ | 청자조각 등 | 14세기 초반 |
| 제6릉 | 3단 | 1쌍 | ○ | × | 2단: 석인상 1쌍 3단: 석인상 1쌍 | × | 청동화폐, 백옥구슬, 청동장식띠 등 | *정자각 없음 14세기 후반 |
| 제7릉 | 4단 | 1쌍 | ○ | ○ | 2단: 석인상 1쌍 3단: 석인상 1쌍 | × | 금불상, 금제 관장식 등 | 14세기 후반 |

(우왕 원년)에 사망해 경릉(頃陵)에 묻혔다.

정순숙의공주 경릉의 위치는 알려져 있지 않은데, 칠릉군 제7릉일 가능성이 있다. 칠릉군 제6릉과 제7릉은 30대 충정왕의 총릉과 마찬가지로 관대가 설치되어 있지 않다는 점에서 공민왕-우왕대에 조성된 것으로 추정된다.

두 왕릉 중의 하나는 충혜왕의 후비이자 충정왕의 모후인 윤 씨(尹氏)의 능일 가능성이 있는데, 무덤을 조성하며 정자각을 세우지 않은 제6릉이 유력하다. 그는 1380년(우왕 6년)에 사망했고, 공양왕 3년부터 그의 능에 제사를 지내기 시작했다.

# 23

# 15세에 독살당한
# 비운의 군주 충정왕의 총릉(聰陵)

묘역은 협소하고 관대도 없어

# 위치가
# 정확히 알려진
# 총릉

1905년 7월 고려 30대 충정왕(忠定王)의 무덤이 도굴됐다. 승정원일기 (承政院日記)에 "방금 개성 부윤(開城府尹) 최석조(崔錫肇)의 보고서를 보니, 음력 6월 11일 밤에 부(府)의 남쪽 배야동리(排也洞里)에 있는 고려조 충정왕(忠定王)의 총릉(聰陵)을 파헤쳤는데 길이와 너비가 각각 여섯 자 남짓이 되고 깊이는 어두워 헤아리기 어려웠다고 하였습니다"라고 기록되어 있다.

총릉 외에도 비슷한 시기에 개성에 있는 여러 고려왕릉이 도굴됐다는 보고를 받은 대한제국 고종 황제는 9월에 "개성부에 있는 여조(麗朝)의 정종(定宗) 안릉(安陵), 능현(陵峴) 제2릉, 월로동(月老洞) 제1릉·제2릉, 칠릉동(七陵洞) 제4릉, 예종(睿宗) 유릉(裕陵), 충정왕(忠定王) 총릉(聰陵), 공민왕(恭愍王) 현릉(玄陵), 노국공주(魯國公主) 정릉(正陵)의 능위를 개수하는 일을 마친 뒤에 치제(致祭) 하도록 명"을 내렸다. 을사늑약(乙巳勒約)으로 대한제국이 외교권을 박탈당하기 두 달 전이다.

대한제국의 통치력이 약해지자 고려 시대의 왕릉과 무덤에 대한 도굴이 성행했다는 사실을 알 수 있다. 또한 이 기록은 대한제국 말기까지도 충정왕의 무덤 위치가 정확하게 파악되고 있었다는 점을 보여준다.

총릉은 개성성의 남소문을 나와 남쪽으로 내려가다 서쪽으로 조금 들어간 지점에 있다. 일제 강점기 때는 경기도 개성군 청교면 유릉리였고, 현재 행정구역상으로는 개성시 오산리에 속한다. 총릉의 서쪽 150m 정

개성시 오산리에 있는 고려 30대 충정왕(忠定王)의 무덤인 총릉(聰陵) 전경. 고려 후기 왕릉의 조성 양식을 전형적으로 보여준다.

개성시 오산리에 있는 충정왕의 무덤인 총릉의 뒤쪽(위)과 정면 모습(아래). 총릉의 주변은 낮은 구릉지대이고, 주변에 고려왕릉과 고려·조선 시대에 걸쳐 조성된 많은 무덤들이 산재해 있다.

충정왕 총릉 측면 전경(위)과 총릉 표석(아래). 표석을 통해 총릉이 보존유적 제550호로 지정
돼 관리되는 것을 확인할 수 있다.

도 떨어진 곳에 고려 16대 예종의 유릉이 자리잡고 있다.

이곳은 용수산에서 남쪽으로 뻗은 산줄기들로 낮은 구릉지를 형성하고 있으며, 주변에 정종의 안릉을 비롯한 여러 고려왕릉과 고려·조선 시대에 걸쳐 조성된 것으로 추정되는 많은 무덤이 산재해 있다.

충정왕(1338~1352)은 12살 어린 나이로 왕위에 올랐다가 강화도로 귀양 가서 다음 해 15살의 어린 나이로 독살됐다. 충정왕은 묘호에 원나라에 충성한다는 의미로 충성할 충(忠) 자를 넣은 마지막 임금으로, 29대 충목왕의 배다른 동생이다. 『고려사』에는 "충정왕이 1352년(공민왕 원년) 3월에 별세하자 7월 계유일에 소략하게 장례 지냈다"라고 기록되어 있다.

『고려사』의 기록대로 그의 무덤은 협소하고, 관대조차 설치되어 있지 않다. 1910년대에 작성된 일제의 조사 보고서에는 "높이 8척, 지름 21척이며, 병석(屛石)은 천연석으로 만들어졌다. 망주석 1쌍을 팔각형으로 상부를 보주형(寶珠形)으로 조각하였고, 석인 2쌍과 석수가 유존하고 있으며, 정자각의 유물이 남아 있다"라고 기록되어 있다. 당시 사진을 보면 능 앞에 고종 때 세운 표석이 있었지만, 현재는 전해지지 않는다.

최근 촬영한 총릉의 전경 사진을 보면 4단으로 이뤄진 고려왕릉의 모양새에 맞게 정비해 관리되고 있는 것으로 확인된다. 북한은 총릉을 '보존유적 제550호'로 지정해 관리하고 있다.

능역은 크게 네 구역으로 나뉘며, 1단에 12각형의 병풍석이 설치된 봉분과 난간석, 망주석 등이 남아 있다. 난간석은 기둥만 있고, 상판이 없는 혼유석이 봉분 앞에 있다. 망주석은 혼유석의 좌우에 한 기씩 서 있고, 석수는 하나도 남아 있지 않은 것으로 확인된다.

석수는 일제 강점기 때에 촬영된 사진에도 없었다. 2단에는 장명등의 받침대와 문인석 한 쌍이 있으며, 3단에도 문인석 한 쌍이 서 있다. 4층

충정왕 총릉의 서쪽(위)과 동쪽에 서 있는 망주석과 문인석.

단에는 아무런 시설도 없고, 정자각터만 확인된다.

1978년 북한의 발굴조사에 따르면 무덤칸은 동쪽으로 약간 치우친 남향으로 지하에 설치되었고, 관대는 따로 설치되지 않았다. 봉분의 높이는 2m, 직경은 6.2m로 다른 왕릉에 비해 작은 편이다.

무덤칸의 크기는 남북 길이 3.88m, 동서 너비 2.2m, 높이는 1.88m로 조사됐다. 발굴 당시 청동합, 청동거울 등의 청동 제품들과 철제 자물쇠, 문장식판, 구슬, 판 못, 화폐(대관통보) 등이 출토됐다.

## 복두를 쓴 문인상 주목

총릉에서 가장 주목되는 것은 문인석이다. 총릉에 남아 있는 4개의 문인석은 모두 평평한 형태의 평각(平角) 관모(冠帽)가 아니라 2단으로 턱이 지고 앞보다 뒤쪽이 높은 복두를 쓰고 있는 형상으로 조각되어 있다. 이전의 금관형(金冠形) 관모에 조복(朝服)을 입은 양관조복형(梁冠朝服形)이 아닌 복두공복형(襆頭公服形) 문인석이 재위 왕릉에 처음으로 세워진 것이다.

충정왕 다음 국왕인 공민왕의 현릉(玄陵), 공민왕릉의 영향을 받은 조선 초기 왕릉의 문인석은 대부분 복두공복형으로 형상화 되었다. 무덤의 주인공이 알려지지 않은 고려 태조 현릉(顯陵) 북쪽의 칠릉군(七陵群) 중에서도 제1릉·2릉·4릉·5릉·7릉의 문인석은 평각 양관으로, 제3릉과 6릉의 문인석은 복두 형태로 조각돼 있다. 소릉군(韶陵群) 중에서는 제4릉의 문인석만 복두 형태로 조각돼 있다.

따라서 고려왕릉의 조성 시기나 무덤의 주인공을 비정(比定)할 때 문인석의 관모 형태가 유용한 판단 기준이 될 수 있다.

충정왕 총릉의 2단의 서쪽과 동쪽 문인석(위), 3단의 서쪽과 동쪽 문인석(아래) 모습.

# 24

# 공민왕과 노국대장공주의
# 사랑이 깃든 현·정릉(玄·正陵)

### 조선 시대 왕릉의 모본(模本)이 되다

# 고려왕릉의
# 완성형이자
# 유일한 수릉

 개성 시내에서 서쪽으로 난 도로를 따라 왕건릉과 명릉군을 지나 만수산을 통과하면 남북으로 길게 뻗어있는 봉명산이 눈에 들어오기 시작한다. 여기서 북쪽으로 조금 올라가면 해선리 해안동 마을이 있고, 이 마을 북쪽 봉명산 남쪽 경사면에 대종(戴宗) 왕욱(王旭)과 추존 왕후 선의왕후의 합장릉인 태릉(泰陵)이 있다. 대종은 태조 왕건의 아들이자 6대 성종의 아버지로, 성종이 왕위에 오른 뒤에 왕으로 추존된 인물이다.

 해안동에서 서쪽으로 더 가면 봉명산의 남쪽 봉우리인 아차봉이 왼쪽으로 보이고, 여기서 오른쪽 길로 들어서면 높게 자란 수삼나무 가로수길이 펼쳐진다. 그리고 얼마 후 무선봉 남쪽 경사면에 자리잡은 고려 31대 공민왕의 현릉(玄陵)과 노국공주의 정릉(正陵)이 나타난다. 공민왕릉은 태조 왕건왕릉에서 서쪽으로 3.5km 정도 떨어져 있다. 봉명산의 남쪽 봉우리인 무선봉과 아차봉 사이에 있으며, 현재 행정구역상으로 개성시 해선리에 속한다.

 공민왕릉의 외관상 특징은 왕후의 능인 정릉(正陵)과 나란히, 쌍릉 형식으로 조성돼 있다는 점이다. 원래 고려의 능제에서는 왕과 왕후를 합장하거나 무덤을 별도로 조성했다. 그런 점에서 현·정릉처럼 왕과 왕후의 무덤이 나란한 형태로 조성된 것은 고려 시대 때 처음 나타난 양식이다. 이러한 형식은 고려 마지막 왕인 공양왕(恭讓王)의 무덤과 조선 시대의 왕릉으로 이어졌다.

고려 31대 공민왕(恭愍王)의 현릉(玄陵)과 왕비 노국대장공주(魯國大長公主)의 정릉(正陵) 전경. 왼쪽이 현릉이다. 현릉은 공민왕이 죽기 전 직접 설계하고 준비해 둔 고려 시대 유일의 수릉(壽陵)이다.

현릉과 정릉은 능계 3단과 남쪽으로 이어지는 경사면으로 이루어져 있다. 경사면과 능계의 중앙으로는 계단을 두어 능으로 오를 수 있도록 하였으며 경사면 아래 평지에는 정자각을 두었다.

두 개의 능 중 서쪽에 있는 것이 공민왕의 현릉이고, 동쪽에 있는 것이 왕후의 무덤인 정릉(正陵)이다. 남쪽에서는 통상 '공민왕'이라고 부르지만, 북쪽에서는 최근 '경효대왕(敬孝大王)'이란 시호를 함께 사용하기 시작했다. '경효대왕'은 후계자인 우왕(禑王)이 독자적으로 올린 시호이고, 공민왕은 우왕 11년에 명나라가 보낸 시호다.

공민왕(재위 1351년~1374년)은 어렸을 때 원나라에서 볼모 생활을 10년 동안 했고, 그곳에서 노국대장공주와 결혼했다. 공민왕의 이름은 왕전(王顓)이고, 충선왕(忠宣王)의 손자이자 충숙왕(忠肅王)의 둘째 아들이다.

볼모로 있는 동안 쇠락해가는 원나라의 실상을 목격한 그는 왕위에 오른 후 원나라의 간섭에서 벗어나고, 권문세족을 견제하기 위해 과거를 통해 신진사대부를 등용하는 등 과감한 개혁정치로 고려 중흥에 나섰다. 변발과 오랑캐 옷 등 몽골식 생활 풍습을 금지하고, 쌍성총관부를 공격해 원나라가 차지하고 있던 철령 이북의 땅을 99년 만에 되찾기도 했다.

원나라의 공주였던 노국대장공주는 이러한 공민왕의 개혁을 적극적으로 도왔고, 원의 압력으로부터 공민왕을 보호해 주었다. 그러나 왕후가 죽은 후부터 공민왕은 정사를 멀리하고, 죽은 왕후의 능과 영전(影殿, 초상을 모신 전각) 건설에만 몰두했다.

『고려사』에 따르면 공민왕은 즉위 14년(1365년)에 왕후가 산고(産苦)로 죽자, 왕후를 위해 직접 무덤을 설계하여 축조하였다고 한다. 이때 왕후릉 옆에 자신이 묻힐 능을 함께 조성했고, 왕후 사후 9년이 지난 1374년에 승하해 이곳에 묻혔다.

임금이 죽기 전에 미리 준비해 두는 무덤을 수릉(壽陵)이라고 하는데, 공민왕릉은 고려 시대 유일한 수릉이다. 특히 7년간이나 공을 들여 조성한 현·정릉은 건축과 설계 면에서 당시 고려 사람들이 도달했던 수학 및 천문지리, 석조건축술, 조형예술 수준을 엿볼 수 있는 역사유산이다.

현재 남아 있는 공민왕의 현릉과 노국대장공주의 정릉에 직접 가서 석물을 하나하나 보면 세심한 설계와 정밀한 조각기법에 감탄사가 절로 나온다.

그러나 왕후에 대한 공민왕의 사랑이 지나친 게 문제였다. 왕후가 사망하자 공민왕은 왕후의 무덤과 혼전을 짓기 위해 엄청난 역사(役事)를 일으켰다. 당시 "영전(影殿)과 정릉(正陵)의 공사가 크게 벌어져서 모든 관원이 하는 일은 토목의 범위를 넘지 않았고 일반 사무는 거의 정지되었으며 창고는 비었고 왕궁의 호위는 허술하였다"고 한다.

『고려사』 공민왕 편에서 사관(史官)은 다음과 같이 논평했다.

"즉위 후 온 힘을 다해 올바른 정치를 이루었으므로 온 나라가 크게 기뻐하며 태평성대의 도래를 기대했다. 그러나 노국공주가 죽은 후 슬픔이 지나쳐 모든 일에 뜻을 잃고 정치를 신돈(辛旽)에게 맡기는 바람에 공신과 현신이 참살되거나 내쫓겼으며 쓸데없는 건축공사(노국공주 영전 공사)를 일으켜 백성의 원망을 샀다."

공민왕은 정사를 소홀히 하면서 정릉과 영전 역사에 집중했고, 공주의 기일, 생일을 비롯해 틈만 나면 정릉과 왕륜사(王輪寺) 동남쪽 영전 건설 현장을 찾았다. 『고려사』에는 "왕은 심히 취하면 공주를 생각하고 울었다"라고 기록돼 있다. 결국 공민왕은 재위 23년 만에 암살당하는 비극적 최후를 맞이했다.

## 원형이 가장 잘 보존되어 있는 왕릉

현재 공민왕릉의 능 구역은 가로로 긴 직사각형의 3개 층 단과 남쪽으로 이어지는 경사면으로 이루어져 있다. 3단과 경사면 중앙으로는 계단

1910년대에 촬영된 현릉과 정릉. 일제가 발굴 보수하기 전(위)과 보수 후의 모습(아래). ⓒ국립중앙박물관

현릉과 정릉의 서쪽에 서 있는 문인석과 무인석(위), 뒤쪽에서 본 현릉과 정릉. 석호(石虎)와 석양(石羊)이 번갈아 가며 배치되어 있다.

현릉(玄陵)의 묘실에 그려져 있는 벽화와 천장의 별자리. 벽화는 동·서·북의 세 벽면에 12지신상이 각 면에 4구씩 배치되어, 북쪽 벽에는 술(戌)·해(亥)·자(子)·축(丑)의 신상이, 동쪽 벽에는 인(寅)·묘(卯)·진(辰)·사(巳)의 신상이, 서쪽 벽에는 오(午)·미(未)·신(申)·유(酉)의 신상이 그려져 있다. 천장에는 해와 북두칠성, 삼태성(三台星)이 그려져 있다.

을 두어 능으로 오를 수 있도록 했고, 경사면 아래 평지에는 복구한 정자각이 있다.

현릉과 정릉은 동서 40m, 남북 24m 정도 되는 상단 한가운데에 나란히 조성되어 있다. 현릉의 봉분은 지름 13.7m, 높이 6.5m이고, 주위로 돌난간을 돌렸으며, 화강암으로 12각의 병풍석(호석)을 돌리고 면석에 12지신과 연꽃무늬를 조각했다. 병풍석의 위와 아래로는 다양한 종류의 석재를 배치하여 병풍석이 고정되도록 했다.

병풍석의 바깥으로 위치한 난간석은 병풍석과 평행하게 돌렸는데, 현릉과 정릉이 겹치는 부분을 생략하고 각각 10각이 되도록 연결되어 있다. 돌로 만들어진 난간의 바깥으로는 호랑이와 양(羊) 모양의 석수를 각 4기씩 번갈아 가며 배치했다.

현릉과 정릉의 봉분 앞쪽에는 각각 상석을 하나씩 배치하였다. 1단의 동서 양쪽에는 망주석을 세웠고, 2단에는 능의 정면에 장명등이 하나씩 배치돼 있다. 장명등의 좌우와 3단에는 문인석과 무인석이 각각 2쌍씩 총 8기가 배치되어 있다. 공민왕릉은 현재 고려왕릉 중 뚜렷하게 무인석이 확인되는 사례로, 이러한 양식은 이후 조선으로 이어진다.

1950년대에 북한의 발굴 조사에 따르면 무덤칸은 가로 2.97m, 세로 3.0m, 높이 2.3m이며, 화강암 판돌로 쌓고 평천장으로 했다. 무덤칸의 중앙에 관대가 놓여 있다. 무덤칸의 동, 서, 북 세 벽면에는 공민왕이 그렸다고 전하는 12지신상이 각각 4상씩 배치되어 있다.

북쪽 벽에는 술(戌)·해(亥)·자(子)·축(丑)의 신상이, 동쪽 벽에는 인(寅)·묘(卯)·진(辰)·사(巳)의 신상이, 서쪽 벽에는 오(午)·미(未)·신(申)·유(酉)의 신상이 그려져 있다. 12지신상은 대체로 70~75㎝의 크기이고, 구름을 타고 손에 홀을 쥐었으며, 머리에 관을 쓴 인물로 형상되어 있다.

무덤칸의 동벽에는 가로 38cm, 세로 43cm의 문이 새겨져 있고, 그 밑

에 네모난 구멍을 뚫어 정릉과의 연결을 표시했다. 죽어서도 공주와 함께 하고자 했던 공민왕의 사랑이 느껴지는 장치가 아닐 수 없다.

그러나 북한이 공민왕릉의 무덤칸을 발굴했을 때는 남아 있는 유물이 거의 없었다. 1910년대 북한이 조사할 당시에도 동전과 철제 가위 등이 출토됐을 뿐이다. 조선 중기 유학자로 『동국여지승람』 편찬에 참여했던 유호인(兪好仁)은 개성답사기에서 "무덤을 처음 만들 때 구슬과 비단, 옥으로 된 상자, 금으로 만든 오리, 은으로 만든 기러기 등 많은 보물로 장식하여 여산에 있다는 진시황의 무덤과도 비견할 만하였다"라고 표현했다. 그 많은 부장품은 어디로 간 것일까?

북한의 연구에 따르면 러일전쟁 시기에 일제가 공민왕릉을 도굴해 수많은 유물을 가져갔다고 한다. 일제가 도굴을 여러 차례 시도하였으나 화승총까지 들고 저항한 지역민들에 의해 실패를 거듭하자, 1905년 헌병대까지 동원해 도굴을 감행해 10여 대의 수레에 유물을 나눠 싣고 철수

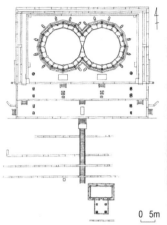

공민왕릉 외부 구조 실측도

했다는 것이다. 일제가 공민왕릉에서 약탈해간 유물 중 황금용두잔, 황금
합, 황금 장신구 4점은 몇 년 전에 국내에 입수되어 공개됐다.

그나마 공민왕은 진영(眞影)이 사진으로나마 전해지는 유일한 고려의
임금이다. 원래 고려는 왕과 왕비의 초상화인 진영을 개성 경령전에 봉안
(奉安)했고 경령전 외에도 원찰(願刹)에 왕과 왕비의 진영을 봉안하는 진
전을 두었다.

그러나 조선 시대에 들어와 고려왕들의 진영이 대부분 폐기됐다. 세종
(世宗) 9년에는 고려 태조 진영 3점을 왕건릉 옆에 묻었고, 다음 해에도
전국 각지에 흩어져 있던 고려 태조와 2대 혜종(惠宗)의 진영을 능 옆에
묻었다. 세종 15년에는 고려 여러 왕의 진영을 역시 능 옆에 묻었다는 기
록이 남아 있다. 조선 중기까지만 해도 개성 영통사에 문종(文宗)과 선종
(宣宗)의 진영이, 개성 광명사에 목종의 진영이 남아 있었다고 하는데, 그
후 사라졌다.

화장사에 있다가 한국전쟁 때 불탄 것으로
전해지는 고려 공민왕의 초상화 사진(1916
년 촬영). 공민왕은 사진으로 나마 진영(眞
影)이 전해지는 유일한 고려 임금이다. ⓒ
국립중앙박물관

    다행스럽게도 공민왕의 진영 한 점은 1910년대까지 개성 화장사(華藏
寺)에 보관돼 있었다. 1540년 『중종실록』에 따르면 화장사에 있던 초상
화 중 조선 정종 어진으로 추정되는 것을 대궐로 들였다가 당시 도화원에
소장되어있던 조선 정종 어진들과 비교해 보니 모습이 달라서 화장사로
되돌려 보냈다. 이때 도화원에 있던 공민왕 진영도 함께 화장사로 보냈다
고 한다. 그러나 이 진영도 진본은 사라지고, 일제가 1916년에 촬영한 사
진만 남아 있다.

    이외에도 조선 시대에 그린 '공민왕과 노국대장공주 초상'이 현재 국립
고궁박물관에 보관되어 있다. 이 초상화의 원본은 태조 이성계가 종묘(宗
廟) 창건 (1395, 태조 4) 당시 경내의 신당(神堂)에 봉안했던 것으로, 현재
보관된 초상화는 임진왜란 (1592~1598) 때 불탄 건물을 광해군(光海君)
때 복원하면서 모사한 것이다.

조선 시대에 그려진 공민왕·노국대장공주 부부의 초상화. 공민왕 부부의 영정 그림은 조선 태조 이성계가 종묘 (宗廟) 창건 (1395, 태조 4) 당시 경내의 신당(神堂)에 봉안(奉安)했던 것인데 임진왜란 (1592~1598)으로 불타버리자 광해군 때 건물을 복원하면서 이모(移模)한 것이라고 한다. ⓒ국립고궁박물관

　한편 공민왕의 뒤를 이은 우왕(禑王)과 창왕(昌王)은 폐위되어 왕릉이 조성되지 않았고, 고려의 마지막 왕인 공양왕의 고릉(高陵)은 현재 고양시 덕양구 원당동에 남아 있다. 고릉은 공민왕릉의 형식을 계승해 공양왕과 순비(順妃)의 무덤을 나란히 배치한 쌍릉 형식으로 조성됐지만 규모는 왕릉으로 보기 어려울 정도로 초라하다.

25

# 100명 넘는 왕후릉은
# 어디 있을까

왕후릉 관리에 소홀했던 고려

# 대부분 능 주인을
# 알 수 없는
# 왕후릉

고려 시대에는 일부다처제(一夫多妻制)가 존재해 왕후가 1명이 아닌 경우도 있었다. 단적으로 태조 왕건에게는 6명의 왕후와 23명의 부인이 있었다. 태조 왕건부터 공양왕까지 34명이 왕위에 올랐고, 역대 왕들의 왕후와 왕비는 100명이 넘는 것으로 추산된다.

고려의 왕비는 『고려사』와 『고려사절요』, 『동국통감』 등 조선 시대에 편찬된 역사서, 고려 시기의 묘지명과 금석문의 기록에 따르면 '왕후(王后)', '○비(○妃)', '황후(皇后)', '궁주(宮主)', '원주(院主)', '공주(公主)' 등으로 표현되어 있다. 다만 고려 때 제도의 변천과 명칭의 변화가 잦고 어떠한 규례를 두었는지 자료가 적어 상세히 알기 어렵다.

또한 고려 때는 왕실 내에서 족내혼이 성행하여 국왕과 왕후는 서로 이복 남매이거나, 내종 혹은 외종 사촌이나 육촌간인 경우가 많았다.

왕의 정실부인은 보통 궁주(宮主)의 칭호와 궁을 하사받고 왕비에 책봉되었고, 사후에는 왕후(王后)로 추존되었다. 국왕은 정실 왕후 외에도 여러 후비들을 받아들였는데 그 중에는 사후에 아들이 왕위에 올라 왕후로 추존된 경우도 있다.

국왕의 어머니는 대후(大后), 태후(太后), 왕태후(王太后) 혹은 황태후(皇太后)로 칭했고, '대왕태후(大王太后)', '태황태후(太皇太后)', '황비(皇妣)' 등으로 칭한 기록도 남아 있다.

고려와 몽골 전쟁 이후인 13세기 후반부터 원나라 황족 출신의 공주들

1910년대에 촬영된 개성시 해선리에 있는 충렬왕비의 무덤인 고릉 전경. ⓒ국립중앙박물관

이 고려의 왕비가 되었는데, 이중 제국대장공주(충렬왕비)와 노국대장공주(공민왕비)만이 왕후의 시호를 받았다.

왕후릉은 왕과 합장된 경우를 제외하고 대부분 능호와 위치가 소실됐다. 고려 17대 인종대 기록을 통해서도 능호만 전해지는 25개 내외의 고려 초기 왕후릉은 누구의 묘인지, 어디에 있었는지를 전혀 알 수 없다.

현재 30여 명의 왕후와 추존 왕후의 능호와 무덤의 주인공이 확인되지만, 무덤의 위치가 파악된 능은 몇 기가 되지 않는다. 대표적으로 태조 현릉 남쪽에 있는 충렬왕비인 제국대장공주(齊國大長公主, 안평공주)의 고릉을 들 수 있다. 태조 왕건의 다섯째 비(妃)이자 안종의 모후인 신성왕후(神成王后)의 정릉(貞陵), 헌정왕후의 원릉(元陵)도 현재 개성 남쪽과 동쪽 외곽에 남아 있다.

추존 왕후로는 원창왕후(元昌門后, 태조 왕건의 할머니)의 온혜릉(溫鞋陵)이 국보유적으로 지정돼 관리되고 있다.

# 왕후릉 (추존 포함) 목록

| 대수 | 묘호 | 왕비 시호 | 능호 | 조성시기 | 위치 |
|---|---|---|---|---|---|
| 1대 | 태조 | 신혜왕후 | 현릉(顯陵) | | 개성시 해선리 |
| | | 장화왕후 | 미상 | | 개성시. 소릉군5릉 가능성 |
| | | 신명순성왕후 | 미상 | | 개성시. 명릉군1릉 가능성 |
| | | 신정왕후 | 수릉(壽陵) | 983년 | 개성시. 서구릉 가능성 |
| | | 신성왕후 | 정릉(貞陵) | | 개성시 판문구역 화곡리 |
| | 의조(추존) | 원창왕후 | 온혜릉 | | 개성시 송악동 |
| | 세조(추존) | 위숙왕후 | 창릉(昌陵) | | 개성시 개풍구역 남포리 |
| 2대 | 혜종 | 의화왕후 | 순릉(順陵) | | 개성시 용흥동 |
| 3대 | 정종 | 문공왕후 | 안릉(安陵) | | 개성시 고남리 |
| 4대 | 광종 | 대목왕후 | 헌릉(憲陵) | | 개성시 삼거리동 |
| 5대 | 경종 | 헌숙왕후 | 영릉(榮陵) | | 개성시 진봉리 |
| | | 헌애왕후 | 유릉(幽陵) | 1029년 | 냉정동 1릉 가능성 |
| | 안종(추존) | 헌정왕후 | 원릉(元陵) | 992년 | 황해북도 장풍군 월고리 |
| 6대 | 성종 | 문덕왕후 | 강릉(康陵) | | 개성시 진봉리 |
| | 대종(추존) | 선의왕후 | 태릉(泰陵) | | 개성시 해선리 |
| 7대 | 목종 | 선정왕후 | 의릉(義陵) | | 개성시 용흥동 |
| 8대 | 현종 | 원정왕후 | 화릉(和陵) | 1018년 | 개성시. 소실 |
| | | 원성왕후 | 명릉(明陵) | 1028년 | 개성시. 소실 |
| | | 원혜왕후 | 회릉(懷陵) | 1022년 | 개성시. 소실 |
| | | 원평왕후 | 의릉(宜陵) | 1028년 | 개성시. 소실 |
| 9대 | 덕종 | 경성왕후 | 질릉(質陵) | 1086년 | 개성시. 소실 |
| 10대 | 정종 | 용신왕후 | 현릉(玄陵) | 1036년 | 개성시. 소실 |
| 11대 | 문종 | 인예왕후 | 대릉(戴陵) | 1092년 | 개성시. 소실 |
| 12대 | 순종 | 선희왕후 | 성릉(成陵) | 1126년 | 개성시 진봉리 |
| 13대 | 선종 | 사숙왕후 | 인릉(仁陵) | 1107년 | 황해북도 장풍군 고읍리 |
| 14대 | 헌종 | 미상 | 미상 | | |
| 15대 | 숙종 | 명의왕후 | 숭릉(崇陵) | 1112년 | 개성시. 소실 |
| 16대 | 예종 | 경화왕후 | 자릉(慈陵) | 1109년 | 개성시. 소실 |
| | | 순덕왕후 | 수릉(綏陵) | 1118년 | 개성시. 소실 |

| 대수 | 묘호 | 왕비 시호 | 능호 | 조성시기 | 위치 |
|---|---|---|---|---|---|
| 17대 | 인종 | 공예왕후 | 순릉(純陵) | 1183년 | 개성시. 고릉동릉 가능성 |
| 18대 | 의종 | 장경왕후 | 미상 | | |
| 19대 | 명종 | 의정왕후 | 지릉(智陵) | | 황해북도 장풍군 항동리 |
| 20대 | 신종 | 선정왕후 | 진릉(眞陵) | 1222년 | 개성시, 소실 |
| 21대 | 희종 | 성평왕후 | 소릉(紹陵) | 1247년 | 인천시 강화군 |
| 22대 | 강종 | 사평왕후 | 미상 | | |
| | | 원덕왕후 | 곤릉(坤陵) | 1239년 | 인천시 강화군 |
| 23대 | 고종 | 안혜왕후 | 미상 | 1232년 | 인천시 강화군 (추정) |
| 24대 | 원종 | 순경왕후 | 가릉(嘉陵) | 1236년 | 인천시 강화군 |
| 25대 | 충렬왕 | 제국대장공주<br>(장목왕후) | 고릉(高陵) | 1297년 | 개성시 해선리 |
| 26대 | 충선왕 | 계국대장공주 | 숙릉(淑陵) | | 칠릉군4릉 가능성 |
| 27대 | 충숙왕 | 복국장공주 | 선릉(善陵) | | 칠릉군5릉 가능성 |
| | | 명덕태후 | 영릉(令陵) | | 칠릉군3릉 가능성 |
| 28대 | 충혜왕 | 정순숙의공주<br>(덕녕공주) | 경릉(頃陵) | | 칠릉군7릉 가능성 |
| | | 희비 윤씨 | 미상 | | 칠릉군6릉 가능성 |
| 29대 | 충목왕 | 미상 | 미상 | | |
| 30대 | 충정왕 | 미상 | 미상 | | |
| 31대 | 공민왕 | 노국대장공주 | 정릉(正陵) | | 개성시 해선리 |
| | | 순정왕후 | 의릉(懿陵) | | 개성시. 소실 |
| 32대 | 우왕 | 근비 이씨 | 미상 | | |
| 33대 | 창왕 | 미상 | 미상 | | |
| 34대 | 공양왕 | 순비 | 고릉(高陵) | | 경기도 고양시 원당 |
| | 문종 | 적경궁주 | 평릉(平陵) | | 개성시, 소실 |
| 미상 | 심릉(深陵)·양릉(良陵)·제릉(濟陵)·제릉(齊陵)·덕릉(德陵)·영릉(永陵)·정릉(定陵)·풍릉(豊陵)·목릉(穆陵)·영릉(寧陵)·공릉(恭陵)·단릉(端陵)·장릉(莊陵)·이릉(夷陵)·익릉(翼陵)·혜릉(惠陵)·견릉(堅陵)·영릉(靈陵)·용릉(容陵)·절릉(節陵)·도릉(悼陵)·신릉(信陵)·정릉(靜陵)·광릉(匡陵)·간릉(簡陵) | | | | 개성시 |
| 미상 | 예릉(睿陵) | | | | 개성시 |

고려 때 초기에는 합장을 했지만 이후 대다수 왕과 왕후의 능은 따로 조성하는 것이 일반적이었고, 능의 구조나 크기 면에서 큰 차이를 두지 않았다.

왕과 왕후의 합장묘로는 추존 왕릉인 세조의 태릉(위숙왕후)과 대종 태릉(선의왕후)을 비롯해 태조 현릉(신혜왕후), 혜종 순릉(의화왕후), 정종 안릉(문공왕후)이 대표적이다.

광종 헌릉(대목왕후), 경종 영릉(헌숙왕후), 성종 강릉(문덕왕후), 목종 의릉(선정왕후), 선종 인릉(사숙왕후), 명종 지릉(광정태후) 등도 합장릉으로 거론되지만 합장 여부가 정확히 기록되어 있지 않다.

다만 태조부터 3대 정종까지 합장했다는 기록이 남아 있고, 7대 목종까지는 왕후의 능호가 기록되어 있지 않고 8대 현종 때부터 왕후의 능호가 별도로 확인된다는 점에서 목종대까지는 합장했을 가능성이 크다.

『고려사』 등의 기록과 현재 확인된 왕후릉을 통해 볼 때 왕과 왕후의 무덤은 가깝게 조성한 사례가 다수 발견된다. 문헌상으로 인종과 왕후의 능인 장릉과 순릉, 충렬왕과 왕후의 능인 경릉과 고릉, 충선왕과 왕후의 능인 덕릉과 숙릉, 충숙왕과 왕후의 능인 의릉과 선릉이 인접해 있었던 것으로 확인되며, 추존 왕과 왕후이긴 하지만 안종의 무릉과 헌정왕후의 원릉은 50m 정도 떨어져 있다.

다만 이러한 사례를 일반화할 수 없고, 대체로 고려 중기의 왕후릉은 개성 도성의 북쪽과 동북쪽에, 고려 후기의 왕후릉은 서쪽에 주로 조성된 것으로 추론된다. 북쪽에 조성된 왕후릉으로는 소릉군, 동북쪽에 조성된 왕후릉으로 냉정동무덤군을 들 수 있고, 서쪽에 조성된 왕후릉으로는 칠릉군에 있는 능을 대표적으로 들 수 있다.

## 유일하게 도성 안에 조성된 온혜릉

가장 초기의 왕후릉인 온혜릉은 개성시 송악동의 서북쪽에 있다. 고려 시조인 왕건의 할아버지 작제건(의조)이 아내 용녀의 신발을 놓고 제사를 지낸 능이라고 전해지고 있다. 이 왕릉은 송악산 주봉에서 남쪽으로 뻗어 내린 두 갈래의 산줄기 사이에 있는 능선의 남쪽 경사면에 자리잡

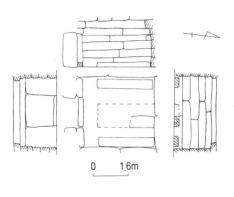

온혜릉 내부 실측도          온혜릉 위성 사진

고 있다. 여기서 1.5km 정도 남쪽으로 내려가면 만월대의 서북건축군에 이른다.

1993년 북한이 처음 발굴했을 때 온혜릉은 원래의 형태를 거의 알아볼 수 없을 정도로 퇴락해 있었고, 무덤 구역에 봉분과 난간석 3개, 석수 1개만이 남아 있었다. 당시 봉분의 직경은 9.4m, 높이는 2.8m였다. 무덤칸의 크기는 남북 길이 3.3m, 동서 너비 3.2m, 높이 2m로 조사됐다.

무덤 바닥의 중심에 놓여 있는 관대는 2장의 판돌을 나란히 놓아 만들었고, 관대의 동쪽과 서쪽에 유물받침대가 각각 놓여 있었다. 벽에는 벽화를 그렸던 흔적만 있어 그 내용을 전혀 알 수 없었다. 유물로는 여러 개의 청자기와 1개의 청동고리, 금동장식품 1개, 금동장식띠 조각 1개, 관못 여러 개가 나왔다.

『고려사』에는 원창왕후가 작제건과 살다가 서해 용궁으로 돌아간 다음 다시는 오지 않았다고 기록되어 있다. 발굴 결과 온혜릉은 실제 죽은 사람을 묻은 무덤이며, 문헌에 기록된 원창왕후 관련 전설들은 후세 사람들이 고려 태조의 가문을 신성화하기 위해 만들어낸 것으로 드러났다.

2019년 북한은 온혜릉을 다시 발굴했다. 북한은 이를 통해 "능의 외부

1910년대와 현재 세조 창릉 전경. 태조 왕건의 부모 세조 왕릉과 위숙왕후 한 씨의 합장릉이다. 세조 왕릉은 897년(진성여왕 11) 음력 5월에 금성군에서 죽었는데, 영안성 강변에 있는 석굴에 장사지냈다. 부인 한 씨도 후에 합장하였으며, 고려 건국 후 창릉(昌陵)의 능호를 올렸다.

태조 왕건의 왕후인 신성왕후의 정릉 전경.

시설들에서 12지신을 형상한 병풍돌 10개와 그 위에 놓인 씌움돌 4개, 모서리돌 8개, 난간기둥돌 10개, 난간받침돌 9개, 돌짐승(석수) 3개를 찾아냈다"고 발표했다. 회색 도기와 검은색 도기, 연녹색 자기 등의 유물도 출토됐다.

발굴 후 묘역을 정비한 북한은 온혜릉을 국보유적으로 새로 지정했다. 이 왕릉은 현재 남아 있는 고려왕릉 중 유일하게 개성 도성 안에 조성된 사례이다.

태조 왕건의 왕비 중 왕건왕릉에 합장된 신혜왕후 외에 능호가 전해지는 왕후릉으로는 대종의 모후인 신정왕후의 수릉(壽陵), 안종의 모후이자 현종의 외조모인 신성왕후의 정릉(貞陵)이 있다.

태조 왕건의 다섯 번째 부인 신성왕태후의 무덤인 정릉은 개성시 판문구역 화곡리에 남아 있다. 이 능은 농구산 남쪽 기슭에 약간 동쪽으로 치

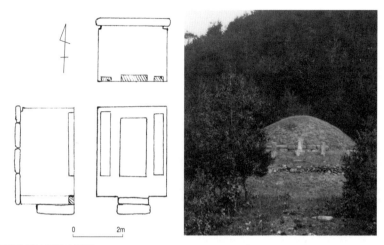

서구릉 내부 구조 실측도

개성시 해선리에 있는 서구릉. 태조 왕건의 왕후 중 한 명의 무덤으로 추정된다. ⓒ장경희

우친 남향으로 조성됐다. 능역은 원래 3단으로 조성됐지만 현재 층단을 나눈 석축은 남아 있지 않다.

1단에 봉분과 난간석 일부가 남아 있고 병풍석은 모두 사라졌다. 봉분의 높이는 약 2.7m이고, 지름은 9.7m이다. 일제 강점기 때까지는 2단에 문인석이 동서쪽에 각각 한 개씩 남아 있었지만 지금은 사라진 것으로 보인다.

## 태조의 왕후릉으로 추정되는 왕릉들

한편 태조 현릉에서 1.5km 정도 남쪽에 능주를 알 수 없는 서구릉과 800m 정도 남서쪽에 명릉군 제1릉이 남아 있는데, 두 왕릉은 태조 왕건의 왕후 무덤으로 보인다. 즉 태조 2비 장화왕후(혜종의 모후), 3비 신명순성 왕후(정종과 광종의 모후), 4비 신정왕후(神靜王后 ) 황보 씨(皇甫氏)의 수릉(壽陵) 중 하나로 추정해 볼 수 있다. 다만 왕후들이 죽은 연도가 기록되어 있지 않아 정확히 어느 왕후의 능인지는 확정하기 어렵다.

좀 더 상상력을 발휘해 본다면 태조 왕건의 왕후 중 정비인 신혜왕후는 합장하고, 왕태후 칭호를 받은 3비부터 5비까지의 왕후가 남쪽으로 나란히 묻혔다고 가정한다면 명릉군 제1릉은 3비 신명순성왕후의 왕릉이고, 서구릉은 제4비 신정왕후의 수릉이 아닐까 추론해 본다.

서구릉이란 이름은 동구릉과 마찬가지로 거북받침의 능비가 있었기 때문에 붙여진 이름인데 지금 능비는 사라졌다. 이 왕릉은 3대 정종의 안릉과 비슷한 시기에 조성된 것으로 추정되고 있다.

왕건의 다섯째 왕후의 무덤인 정릉에서 북서쪽으로 13km 정도 떨어져 있는 서구릉은 개성시 해선리에 솟아 있는 만수산의 남쪽 경사면 기슭에 있다.

1994년 발굴 결과에 따르면 능역은 원래 3개의 구획으로 구분되어 있

## 서구릉에서 나온 주요 유물들

| 유물 | 청자기 | | | | 금동제품 | | | 철제품 | |
|---|---|---|---|---|---|---|---|---|---|
| | 청자병 | 대접 | 잔대 | 접시 | 활촉형 장식품 | 원통형 금구 | 장식띠 | 관못 | 쇳조각 |
| 수량 | 1 | 1 | 4 | 1 | 3 | 3 | 2 | 2 | 2 |

## 추존 왕후릉 목록

| 능호 | 능의 주인 | 위치 (현재 행정구역명) | 비고 |
|---|---|---|---|
| 온혜릉 | 왕건의 조모 원창 왕후 | 개성시 송악동 | 국보유적 |
| 창릉(昌陵) | 왕건의 부친인 세조(世祖) 왕융(王隆)과 부인 위숙왕후(威肅王后) | 개성시 개풍구역 남포리 | 보존유적 554호 |
| 태릉(泰陵) | 왕건의 7男 대종(戴宗)과 선의왕후(宣義王后) | 개성시 해선리 | 보존유적 546호 |
| 원릉(元陵) | 경종의 4비이자 안종의 부인, 현종의 모후 | 황해북도 장풍군 월고리 | 보존유적 571호 |

었지만 현재 3단 정자각터는 없어지고 1단과 2단만 남아 있다. 1단에는 봉분과 돌난간, 석수가 배치되어 있다. 봉분을 둘러싸고 있는 병풍석에는 12지신상이 작게 새겨져 있다. 봉분은 지름 12m이고, 높이 3.15m이다. 2단에는 동서 양쪽에 문인석이 1개씩 마주 세워져 있다.

남아 있는 무덤칸의 크기는 남북 길이 3.65m, 동서 너비 2.97m, 높이 2.26m로 조사됐다. 무덤칸의 바닥 중심에 놓여 있는 관대는 1장의 화강암 통돌을 가공해 만들었다. 길이는 2.46m이고, 너비는 1.2m이며 높이

태조 왕건의 왕후 중 한 명의 능으로 추정되는 명릉군 제1릉의 1910년대 모습.

는 0.28m이다. 특히 유물받침대가 관대 옆에 별도로 설치되어 있어 10세기에 조성된 것으로 추정된다.

벽화는 동, 서, 북벽과 천정에 그려져 있다. 동벽과 서벽에는 태조 현릉에 대나무 벽화가 그려진 것처럼 검은색과 붉은색으로 대나무가 그려져 있다. 서쪽 벽의 대나무는 동쪽 벽의 대나무보다 더 굵고 생생하게 남아 있다. 천정에는 별 그림이 그려져 있는데 붉은색으로 직경이 0.8cm 되게 둥글게 그렸다. 발굴 당시 알아볼 수 있는 것은 3개뿐이었다.

서구릉에서는 청자병, 청자대접, 금동장식띠 조각 등 여러 가지 유물이 발굴됐다. 서구릉은 983년 사망한 신정왕후의 왕릉으로 추정된다.

태조 왕건왕릉 남쪽 인근에 명릉군이라고 불리는 세 개의 왕릉이 있는데, 그중 명릉군 제1릉은 왕건의 왕후릉 중 하나로 추정된다. 이 왕릉에서는 서구릉과 마찬가지로 초기 고려왕릉에서만 전형적으로 나타나는 유물받침대가 2개 설치되어 있다.

과거 명릉군 제1릉은 충목왕의 명릉으로 추정되어 왔지만 왕릉의 능역

구조와 주검칸 조성 방식으로 판단했을 때 이 왕릉 역시 10세기에 조성된 왕후릉으로 보는 게 타당하다. 능호가 알려져 있지 않은 신명순성왕후가 이 왕릉의 주인공으로 추정된다. 신명순성왕후는 3대 정종과 4대 광종의 모후이다.

이렇게 본다면 능호를 받았거나 받았을 것으로 추정되는 태조 왕건의 왕후릉은 모두 왕건왕릉의 남쪽에 조성된 셈이다.

합장릉을 제외하고 논란의 여지없이 능주가 확실한 왕후릉으로는 추존 왕후릉인 헌정왕후 원릉과 25대 충렬왕비인 안평(제국대장)공주의 고릉을 들 수 있다. 특히 고릉에서는 시책 조각이 발견되어 능의 주인을 확실하게 알 수 있다.

태조 현릉에서 직선거리로 600m 정도 남서쪽에 자리잡고 있는 고릉은 2022년에 발굴된 충렬왕의 경릉에서 동쪽으로 250m 정도 떨어져 있다. 무덤 구역은 능선의 남쪽 경사면에 조성되어 있는데 화강암으로 쌓은 축대들로 4개의 구획으로 구분된다.

1단에는 봉분과 병풍석, 석수 등이 배치되어 있고, 봉분의 크기는 직경 11.5m, 높이 4m로 다른 능에 비해 상대적으로 크다. 2단에는 동·서 양쪽에 문인석이 세워져 있었지만 현재는 문인석을 세워놓았던 기초돌만 남아 있다. 3단에는 역시 동·서 양쪽에 문인석이 배치됐지만 현재는 동쪽의 문인석만 홀로 서 있다. 4단에는 정자각터가 남아 있다.

무덤칸의 크기는 남북 길이 3.85m, 동서 너비 3.15m, 높이 2.3m이다. 관대는 남북으로 길게 놓여 있는데 화강암 판돌로 테두리를 두르고 흙을 채워 만들었다. 관대의 크기는 남북 길이 2.75m, 동서 너비 1.3m, 높이 0.1m이다.

벽면에는 벽화가 그려져 있다. 현재 회벽이 거의 떨어져 벽화의 주제는 알 수 없지만 채색 흔적들이 남아 있다. 천정에는 지경 5cm 정도의 붉은

1910년대에 촬영된 충렬왕비 고릉의 훼손된 모습.

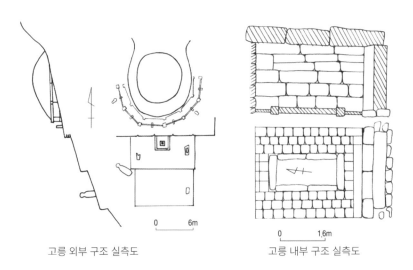

고릉 외부 구조 실측도

고릉 내부 구조 실측도

개성시 해선리에 있는 공민왕비의 정릉(正陵) 모습. 공민왕의 현릉과 나란히 조성돼 있다.

색 동그라미 4개가 희미하게 남아 있다. 다른 왕릉의 천정처럼 별 그림을 그려놓았던 것으로 추정된다.

유물로는 시책 조각, 자기류, 동제품, 철제품, 청동 화폐 8개 등이 나왔지만, 이미 여러 차례 도굴당한 상태여서 유물이 적은 편이었다. 그럼에도 고릉이 고려왕릉의 조성 시기를 추정하는데 주목을 받은 이유는 시책 조각 4개가 발굴되어 이 능의 주인을 확정할 수 있었기 때문이다.

시책 조각에는 '대행안평(大行安平)'이라는 네 글자만 알아 볼 수 있다. '대행'은 왕이나 왕비가 죽은 뒤 시호를 올리기 전에 부르는 칭호이고, '안평'은 안평공주를 지칭한 것이다. 발굴된 시책 조각이 4개에 불과했지만 해독할 수 있는 네 글자가 결정적으로 이 왕릉의 주인이 안평공주라는 것을 확증해 준 셈이다.

냉정동무덤군으로 불리는 3개의 무덤도 왕후릉으로 추정된다. 개성 송

냉정동1릉에서 본 송악산. 왼쪽으로 부흥산 능선과 멀리 진봉산이 보인다. ⓒ장경희

악산 남쪽 안화사에서 산을 넘어 가면 마주 보이는 산에 3개의 왕릉이 있는데, 동쪽부터 1, 2, 3릉의 순서로 자리 잡고 있다.

가장 높은 곳에 있는 제1릉은 능역이 3단으로 나눠져 있고, 2단에 문인석이 1쌍 남아 있어 11세기에 조성된 왕후릉으로 보인다. 봉분의 높이는 약 1.5m, 지름은 6m이다. 냉정동 1릉은 소릉군 제5릉과 함께 5대 경종의 비이자 7대 목종의 모후인 헌애왕후의 유릉(幽陵)일 가능성이 있는 왕릉이다. 헌애왕후는 강조의 정변으로 목종이 폐위된 후 황해도 황주에서 살다 1029년(현종 20)에 66세를 일기로 일생을 마감했다.

제1릉에서 서남쪽으로 1km 정도 떨어져 있는 제2릉은 4단으로 조성됐고, 봉분의 높이는 약 2.5m, 지름 8.8m이다. 3단에 문인석 1쌍이 남아 있다.

제2릉에서 서쪽으로 200m 정도 떨어져 있는 제3릉은 4단으로 축조됐고, 2단에 문인석이 1쌍 남아 있다. 제2릉과 제3릉은 13세기 경에 조성된 왕후릉으로 보인다.

## 용흥동에서 왕후릉 새로 발굴

북한 사회과학원 고고학연구소는 2013년 5월 개성 동북쪽 용흥동에서 2기의 '돌칸흙무덤'을 조사하고, 그 중에 '용흥동 1호 무덤'으로 명명된 왕릉을 발굴 조사했다. 이 왕릉은 용흥동 소재지에서 북쪽으로 2.5km 정도 떨어진 곳에 있으며, 용암산에서 뻗어 내린 능선의 중턱에 조성되어 있다. 발굴 보고서에 따르면 능역은 원형을 알아볼 수 없을 정도로 훼손되어 있고, 봉분은 완전히 흘러내려 무덤칸이 드러나 있는 상태였다. 능역은 동서 방향의 화강암 축대들에 의해 3개의 구획으로 구분되어 있다. 봉분 둘레에는 돌난간이 설치되어 있으나 대부분 없어지고 일부만 남아 있다.

2단에는 동서에 문인석이 2개씩 4개가 세워져 있었으나 현재는 서쪽의 것만 남아 있다. 3단에 있던 정자각은 사라지고, 주춧돌만 남아 있다.

반지하에 마련된 무덤칸의 크기는 남북 3.64m, 동서 2.93m, 높이 2.4m이다. 관대는 서쪽으로 치우쳐 있는데 4개의 화강석을 붙여 만들었고, 천장은 평행삼각고임 형식을 띠고 있다. 유물로는 기와 조각, 청자 조각 등 도자기류, 관 못 등이 나왔다.

북한은 이 왕릉이 천장의 평행고임 구조, 무늬 없는 청자대접 조각의 유색 등으로 볼 때 10세기 경에 만들어진 무덤으로 판단했다. 그리고 봉분에 사각형의 병풍돌이 설치된 것을 근거로 경주 출신 왕비들 중 한 사람이 능주일 것으로 추정했다. 그러나 용흥동 1호 무덤은 2단에 문인석을 4개 배치했으며, 판석조립관대가 사용된 점을 고려할 때 고려 중기의 왕후릉일 가능성도 있다.

한편, 황해북도 장풍군 장풍읍의 동북쪽에는 왕릉골이라는 마을이름이 전해진다. 고려 시대의 왕후릉이 있었다고 하나 일제의 도굴로 모두 파괴됐다고 한다. 또한 장풍군 구화리 동남쪽 골짜기도 능골이라고 불렸는데, 과거 왕릉이 있었다고 한다. 무덤 이름만 전해지는 고려 초기와 중기 왕후릉이 장풍군에도 있었던 것으로 추정된다.

# 26

# 고려왕릉과 개성지역 출토
# 유물을 볼 수 있는 고려박물관

## 고려 성균관에 전시관 조성하고 고려유물 보존

# 왕릉에서
# 출토된
# 유물들 눈길

개성지역에 남아 있는 고려왕릉들을 탐구하는 여정을 마치며 뭔가 허탈하고 허전한 느낌을 지울 수 없다. 우선은 능주를 모르거나 불확실한 왕릉이 너무 많다는 점이다. 왕릉을 소개하면서 "가능성", "추론", "역사적 상상력" 등의 단어를 빈번하게 사용할 수밖에 없었던 이유다. 남북 역사학계의 '고려왕릉 연구 수준이 이 정도밖에 되지 않나' 하는 허탈감이 든다.

다른 한편으로는 왕릉의 외관만 보았을 뿐 정작 왕릉을 발굴하면서 나온 유물들은 볼 기회가 없어 허전함이 밀려온다. 이러한 허전함을 달래주는 곳이 바로 고려박물관이다. 고려박물관은 개성과 인근 지역에서 수집되거나 출토된 고려의 유물을 전문적으로 보존 관리하고, 연구와 전시도 함께 하고 있다.

고려박물관은 특이하게도 별도의 박물관 건물을 지어 운영하는 것이 아니라 고려 성균관 시설을 그대로 활용하고 있다. 고려는 992년에 성균관의 전신인 국자감을 설립하고 국가 관리 양성 및 유교 교육을 담당했다. 1304년(충렬왕 30)에 국자감의 이름을 국학(國學)으로 바꾸면서 대성전을 짓고, 1310년(충선왕 2)에 성균관으로 바꾸었다. 1592년 임진왜란 때 불에 타버렸던 것을 1602년(선조 35)에 복원했다.

유교의 교리에 따라 대부분의 건물들이 소박하게 지어졌다. 고려 말기에 목은 이색이 성균관의 책임자인 대사성을 맡았고, 정몽주가 교육을 담

고려 성균관 전경. 현재 고려박물관으로 이용되고 있다.

고려 성균관 대성전
건물에 마련된 전시
장 내부와 명륜당에
붙어 있는 개성 유적
분포도.

당하기도 했다. 특히 고려 말 개혁에 앞장섰던 신진사대부들이 이곳에서 공부하였던 역사적인 곳이다. 조선 초에 한양에 성균관을 지으면서 개성 성균관은 향교가 되었으나 그 이름은 그대로 남았다.

2000년대 중반 고려박물관의 여성 해설강사는 고려 성균관을 박물관으로 사용하게 된 이유에 대해 다음과 같이 설명했다.

"김정일 동지께서는 1987년 8월 개성시 역사유적들의 보존실태와 그 관리정형을 요해하시고 고려 시기 중앙교육기관이였던 성균관에 박물관을 새로 꾸려 고려 시기의 특색 있는 유물들을 진열하며, 그 주변에는 고려 시기의 돌탑들과 비석들을 옮겨 세우고 활쏘기장과 그네 터를 비롯한 민족경기장과 민속놀이터를 갖춘 유원지로 꾸릴 데 대하여 지적하시었습니다.
이에 따라 1988년에 박물관이 개관되었고, 고려 시기의 건축술을 자랑하는 성균관의 18동의 건축물들과 그 주변에 역사유물들을 진열함으로써 이 일대가 관내 및 야외 전시를 겸한 특색 있는 박물관으로 꾸려지게 되었습니다. 현재 고려 시기의 역사와 경제, 과학문화의 발전모습을 보여주는 1000여 점의 유물들이 진열되어 있습니다."

고려 성균관은 약 1만㎡의 부지에 18동의 건물이 남북 대칭으로 배치되어 있다. 크게는 명륜당을 중심으로 하는 강학(講學) 구역이 앞쪽에 있고, 대성전을 중심으로 하는 배향(配享) 구역을 뒤쪽에 두는 전학후묘(前學後廟)의 배치이다. 고려 성균관은 현재 국보유적 제127호로 지정돼 있다.

홍살문 형태의 외삼문으로 들어서면 조선 시대 심은 것으로 여겨지는 노송들이 반긴다. 천연기념물로 지정된 500살이 넘은 은행나무 2그루와

고려박물관에 전시되어 있는 고려 왕 씨 족보와 왕건왕릉에서 나온 유물들

느티나무 한 그루가 세월의 깊이를 느끼게 한다.

은행나무를 둘러보며 마당을 지나면 정면에 명륜당이 나온다. 이를 중심으로 좌우에 향실과 존경각이 있고, 그 앞쪽 좌우로 유학생들의 숙소였던 동재와 서재가 자리잡고 있다. 명륜당 뒤편 내삼문을 들어서면 정면으로 공자를 제사 지내던 대성전과 계성사가 보이고, 그 앞뜰 좌우에 동무와 서무가 자리잡고 있다.

명륜당을 지나 내삼문으로 들어서면 박물관 구역이 시작된다. 오른쪽에 자리하고 있는 동무에서부터 대성전, 계성사, 서무 순으로 전시관이 마련되어 있다.

동무에 꾸민 제1전시관에는 고려 시대의 개성 지도, 고려의 왕궁이었던 만월대의 모형, 왕궁터에서 출토된 꽃무늬벽돌·막새·쌀·쇠투구·갑옷편 등과 고려 제11대 왕인 문종의 경릉에서 발굴한 금동공예품·옥공예품·단추·활촉·청동말, 고려 시대의 화폐인 해동통보·해중동보·동국통보·삼한통보 등 고려의 성립과 발전의 역사를 보여주는 유물들이 전시되어 있다.

대성전에 꾸민 제2전시관에는 과학기술과 문화의 발전상을 보여주는 금속활자, 고려첨성대 자료, 청자를 비롯한 고려자기 등의 유물이 전시되어 있다. 그 중 '푸른사기5합'이 개성역사박물관의 국보유물 제1호로 지정되어 있다.

왕씨 족보에 그려져 있는 왕건의 초상화, 왕건왕릉에서 나온 청자, 청동주전자 등의 각종 유물들도 여기에 전시되어 있다.

계성사 건물을 사용하는 제3전시관에는 검은색의 불상인 적조철조여래좌상이 전시돼 있다. 원래 개성시 박연리에 있는 적조사터에서 발굴된 것을 옮겨온 불상으로 높이는 1.7m이다.

이 불상은 철로 만들어진 석가여래상으로, 색조가 검고 몸체는 늘씬하다. 머리는 나발이고, 결가부좌로 앉아 있는데 허리를 곧추세우고 있어서

고려 때 주조된 청동종과 청동주전자(위), 11-12세기 초에 만들어진 것으로 추정되는 고려청자(아래 왼쪽), 고려박물관 야외 전시장으로 옮겨져 있는 현화사7층석탑.

개성에서 출토된 고려 시기 귀족의 돌관(위)과 만월대 등에서 발굴된 기와들(아래)

고려 성균관 계성사 건물에 전시
되어 있는 적조사 철불상

강한 남성미가 풍긴다. 별다른 치장은 없으나 당당한 체구와 오른쪽 허리
로 흘러내린 법의의 생생한 옷 주름, 얼굴의 미소 등이 매우 세련된 기법
을 보이는 불상이다. 고려 초기 철조불의 대표적인 사례로 평가된다. 박
물관 전시관에 있는 유물 중 유일하게 국보유적으로 지정돼 있다.

서무에 꾸민 제4전시관에는 불일사오층석탑에서 발견된 금동탑 3기를
비롯하여 여러 모양과 무늬의 청동거울, 청동종, 오동향로, 청동징, 청동
화로, 공민왕릉의 조각상과 벽화, 혜허가 그린 '관음도'(모사) 등 금속공
예·건축·조각·회화에 관한 유물이 전시되어 있다. 그 중 불일사5층석탑에
서 나온 '9층금동탑', '5층금동탑', '3층금동탑'은 국보유물로 지정되어
있다.

다소 아쉬움 점은 태조릉 인근에서 출토된 '왕건청동상(王建靑銅像)'을 이곳에서 볼 수 없다는 것이다. 이 청동상은 1992년 10월 북한에서 태조 현릉 개건 공사를 진행하던 도중 땅에 묻혀 있던 것을 발굴한 것이다. 처음에는 이를 그냥 청동 불상이라고만 생각했지만 『고려사』와 『조선왕조실록』의 기록을 검증한 결과 태조 왕건의 동상이라는 사실이 밝혀졌다.

왕건청동상은 951년(광종 2) 즈음에 제작됐으며, 고려가 멸망할 때까지 왕실의 최고 상징물로 대접받았다. 이 청동상은 연등회를 비롯한 국가적 행사가 있을 때, 천재지변이 일어났을 때, 태조에게 제사를 지낼 때 등의 경우에 사용됐다.

조선 건국 직후인 1392년 7월 왕건청동상은 지방으로 옮겨 안치되었으며, 1429년(세종 11)에는 세종의 명에 따라 왕건의 무덤인 현릉 근처에 매장됐다고 한다. 세종 시절 동상이 의복을 입은 채로 묻혔다는 것을 확인하듯 청동상 발굴 때 비단 조각과 옥대 허리띠 등도 함께 출토됐다고 한다.

현재 왕건청동상은 고려박물관에서 평양 조선중앙역사박물관으로 이전돼 보관되고 있다.

북한은 남북 간 개성 관광이 중단된 후 중국 등 해외 관광객 유치를 위해 고려박물관을 적극 활용하고 있다. 1988년 개관 이후 지금까지 170만 명 정도의 북측 주민과 남측 인사, 해외 동포들이 이곳을 방문해 참관했다고 한다.

## 맺으며 : 고려왕릉의 보존과 남북 교류

# 남북 공동으로 세계문화유산
# 등재를 꿈꾸다.

고려와 조선을 거치면서 무역 도시로 번성했던 개성은 분단 이후 군사 도시로 변모되면서 도시 발전이 정체됐다. 북한은 1990년대에 개성경공업단과 대학을 고려성균관으로 개칭해 경공업종합대학으로 승격시키고, 2000년대에 개성공단을 조성함으로써 개성을 남북협력의 거점 도시로 삼았다.

또한 2007년부터는 남북 공동으로 개성 만월대터 발굴 사업을 시작했고, 2013년에는 만월대를 포함한 '개성역사유적지구'를 유네스코 세계문화유산으로 올리는데 성공했다. 그러나 현재 개성공단은 폐쇄되었고, 만월대터 발굴 사업도 중단된 상태이다.

개성 시내 외곽에는 새로운 건물들이 들어서고, 기존 건물에 색깔을 입혔지만, 개성시는 여전히 낙후된 도시로 남아 있다. 새로운 돌파구가 필요한 시점이다. 개성은 개성공단으로 상징되는 남북경제협력의 거점이지만 남북 문화 협력, 관광 도시로서의 잠재력도 풍부하다.

고려와 조선 시대의 왕릉도 그중의 한 문화 자산이다. 고려왕릉 중에서 태조 왕건릉, 공민왕릉, 명릉군, 칠릉군 등 개성 도성의 서쪽에 있는 일부 왕릉들이 '개성역사유적지구'에 포함돼 세계문화유산으로 지정된 후 과거보다 보존, 관리 상태가 확연히 개선됐다.

그러나 여전히 대다수 고려왕릉을 비롯한 고려의 문화유산은 제대로

개성을 처음을 방문한 2003년 2월 23일 공민왕릉 앞에서, 개성을 두 번째 방문한 2005년 5월 5일 선죽교 앞에서 필자.

관리되지 못하고 있다. 남북 공동 발굴 조사가 중단된 만월대터에는 아무런 제한 없이 관광객들이 찾고 있어 훼손이 우려된다.

과거 개성을 다녀온 역사학자들은 "아직은 괜찮지만, 현재 매우 위태로운 상황"이라고 진단하고, "현재 개성 주민의 삶을 이롭게 하면서 역사 도시로 가꾸어가는 장기 구상과 설계가 필요하다"고 강조한다.

장기적으로 개성을 통일경제특구의 한 축으로 삼더라도 남과 북의 공동의 문화유산인 고려와 조선 시대의 역사유적을 보존하면서 도시재생사업을 진행해야 한다는 제언이다.

우선 고려왕릉 답삿길을 남과 북이 공동으로 개발해 추진할 수 있을 것이다. 고려왕릉 답삿길은 현재 개성지역에 남아 있는 56기의 고려왕릉을 둘러보는 길을 구간별 관광코스로 기획해 개발하는 구상이다. 북한은 세계문화유산으로 등재된 왕건릉과 공민왕릉만을 관광지로 개방하고 있는데, 이를 고려왕릉 전체로 확대해 관광 자원화 하는 기획을 북측에 제시

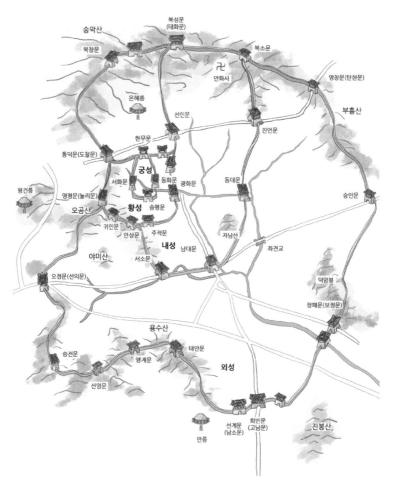

개성 도성(궁성, 황성, 외성, 내성)에 있던 주요 대문들의 위치도. ⓒ정예은

하는 방안이다.

현재 남아 있는 고려왕릉은 개성도성의 동·서·남·북에 비교적 균일하게 남아 있다. 따라서 방향에 따라 구간을 나눠 개발해 볼 수 있다.

1구간은 유일하게 개경 도성 안에 조성되어 있는 온혜릉을 출발해 서쪽에 있는 왕건왕릉, 칠릉군, 선릉군, 충렬왕 경릉, 충렬왕비 고릉, 명릉군, 서구릉, 공민왕릉, 문래묘를 둘러보는 노정이다. 왕건왕릉, 명릉군, 칠릉군, 공민왕릉이 세계문화유산으로 등재되어 있고, 도로 사정도 비교적 괜찮은 편이라 가장 유망한 구간이다.

2구간은 이성계의 사저였던 목청전을 둘러보고, 동쪽으로 연암 박지원 묘, 황진이 묘를 거쳐 15대 숙종 영릉, 11대 문종 경릉을 둘러보는 노정이다. 북한이 목청전, 박지원 묘, 황진이 묘를 복원해 놓았고, 2017년 숙종 영릉을 발굴 후 새로 단장했기 때문에 북측이 큰 거부감을 보이지는 않을 것으로 예상되는 답삿길이다.

3구간은 만월대터에서 도찰문터를 넘어 고려 9대 덕종 숙릉, 10대 정종 주릉, 4대 광종 헌릉을 둘러보고, 박연폭포까지 탐승하는 코스이다.

4구간은 개성공단 서쪽 신봉산 기슭에 있는 5대 경종 영릉을 거쳐 남쪽 용수산 너머에 있는 3대 정종의 안릉, 신종 양릉, 예종 유릉, 충정왕 총릉, 신성왕후의 정릉을 둘러보고, 조선왕릉인 제릉과 후릉에 이르는 노정이다.

5구간은 고려 성균관을 거쳐 탄현문터를 지나 동구릉, 냉정동무덤군, 소릉군, 2대 혜종의 순릉을 둘러보고 화담 서경덕 묘에 이르는 노정이다. 이 답사길에는 남북 공동 불사로 복원된 령통사, 현재 터만 남아 있는 현화사터, 화장사터, 8대 현종의 부모(父母) 묘인 무릉과 원릉 등을 포함시킬 수 있다.

이러한 답삿길을 개발해 북측에 제시하는 것은 1차적으로는 북한이 아직까지 이러한 답삿길 개념이나 문화자원 활용 개념이 부족한 점을 보완하고, 남측의 자료 축적과 교류 의지를 보여줌으로써 북한이 남북 문화교류, 도시 교류에 나올 수 있는 기반을 마련하는 작업이다.

## 문화유산 교류에 나서려는 북한의 정책을 활용

개성과 강화도에 흩어져 남아 있는 고려왕릉을 연계해 남과 북이 공동으로 세계문화유산으로 지정되도록 노력하는 것도 현실적인 방안이 될 것이다. 북한도 2012년 김정은 체제가 출범한 후 문화유산정책에 '세계적 추세'를 반영해 의미 있는 변화를 보이고 있다.

우선 가장 눈에 띄는 점은 2012년 문화유산보호법이 제정되면서 비물질문화유산이 처음으로 법제에 포함됐다. 북한은 1948년 정권 수립 이후 문화유산을 물질문화와 비물질문화로 나누고 주로 물질문화를 문화유산으로 규정해왔다.

그런데 새로운 문화유산보호법은 성, 건물, 탑, 비석 등 유형의 문화유산뿐만 아니라 언어, 구전문학, 무대 예술, 사회적 전통 및 관습, 명절, 수공 예술, 민속놀이 등 무형유산의 발굴, 수집, 복원을 대상으로 한다.

이러한 법제 정비와 기구 신설은 북한이 유네스코가 2003년 채택한 무형유산보호협약에 가입한 후 본격적으로 무형유산 제도 정비에 나선 것을 의미하며, 세계의 문화유산 정책 흐름을 수용한 조치로 평가할 수 있다. 실제로 북한은 문화유산보호법 제정을 전후해 아리랑의 인류무형유산 등재도 신청했다.

또한 북한은 2015년 문화유산보호법을 민족유산보호법으로 개정하면서 아예 비물질민족유산의 세부 구분을 유네스코 무형유산협약의 구분과 동일하게 개편했다.

과거에는 민족료리, 민속놀이, 의학, 구전 문학, 무대 예술 등으로 구분해 유네스코 무형유산협약의 구분과 약간의 차이가 났지만 민족유산보호법에서 완전히 동일한 구분을 택하면서 유네스코 유산 등재를 적극적으로 추진할 법적 근거를 구비했다.

또한 북한은 역사 유물과 역사 유적의 분류 체계를 새롭게 정비했다.

북한은 2015년 민족유산보호법을 채택하면서 물질문화유산을 '역사 유적'과 '역사 유물'로 구분하고, 역사 유적을 국보유적과 보존유적으로 구분했다. 북한의 역사 유적은 2009년 기준으로 국보유적 193개, 준국보(보존급)유적 1,751개가 알려져 있었는데, 최근에 여러 유적들이 새로 국보유적과 보존유적으로 지정되었다.

민족유산보호법 제정 후 북한은 민족유산 보존의 과학화를 추구하고 있다. 위성 사진 자료를 토대로 '지리정보체계구축사업'을 진행해 전국의 민족유산에 대한 구체적 분포도를 작성하는 등 보존 관리 과학화를 추진하고 있고, 비물질문화유산(무형문화)를 찾아 등록하는 사업과 기존에 등록된 유산에 대한 '등록증서수여사업'을 추진하고 있다. 또한 전국의 역사유적 보수를 위한 노력도 강화하고 있다.

그러나 유엔 안보리의 대북 제재가 지속되고 한반도 비핵화를 논의하는 국제 회담이 중단된 조건에서 북한의 남북, 해외 문화유산 교류는 제한성을 가질 수밖에 없는 상황이다. 다만 문화유산 교류는 비정치적 영역에 속하기 때문에 비핵화 문제와 남북 교류가 분리돼 두 갈래로 추진될 경우 활성화 될 가능성이 크다고 본다.

따라서 남북 교류가 막혀 있던 2011년에도 현존하는 북한의 59개 사찰과 6개 폐사지에 대한 상세한 사진 자료가 남쪽에서 출간되고, 개성 만월대 발굴 사업이 이어지고 있는 사례처럼 남북 문화유산 교류와 공동 조사, 공동 발굴을 위한 준비 작업은 정세와 관계없이 이뤄져야 할 것이다.

정책적으로도 문화유적을 매개로 이뤄진 남북 교류는 앞으로도 더욱 확대해 나갈 필요성이 있다. 문화유적 보존, 공동 발굴, 상호 교환 전시, 공동 학술 대회 등 남과 북 사이에는 교류의 폭을 넓혀갈 수 있는 사업들이 많다.

과거 북한과 경기도는 개성의 300여 채 전통한옥마을(민속거리보존구역)을 보존하고, 이를 통해 유네스코 세계문화유산으로 지정하는 방안을 추진키로 합의한 바 있다.

최근 북한은  개성시 해선리에 있었던 것으로 추정되는 국청사(國淸寺) 발굴을 추진하고 있다. 이러한 사업들을 남과 북이 함께 협력해 추진하는 것이 중요하다.

또한 세계문화유산 등재의 상호 협조 및 문화재의 해외 유출 방지, 해외소재 문화재의 환수, 일본의 교과서 왜곡 및 중국의 동북공정에 대한 공동 대응 등 대외적인 문제에서도 남과 북은 머리를 맞대고 협력해야 할 일들이 산적해 있다.

특히 문화유산 관련 분야의 교류는 남북의 오랜 분단의 이질감을 극복하고 민족의 동질성을 회복하는데도 기여할 것이다. 남북의 다름을 이해하고 소통하는데 역사문화유산은 가장 좋은 분야인 동시에 의미 있는 성과를 도출할 수 있는 영역이기도 하다.

남북이 함께 고려왕릉을 보존하고, 개경도성 답삿길을 공동 개발하는 일을 적극 추진하며, 더 나아가 개성을 '역사도시'이자 '평화도시'로 상징화할 수 있는 날이 하루속히 다가오길 기대해 본다.

## 참고문헌

전룡철·김진석, 『개성의 옛자취를 더듬어』, 문학예술출판사, 2002

리창언, 『고려유적연구』, 사회과학출판사, 2009

사회과학원 고고학연구소, 『고려의 무덤』, 진인진, 2009

김인철, 『고려왕릉연구』, 사회과학출판사, 2010

한국역사연구회, 『고려의 황도 개경』, 창작과비평사, 2002

국립문화재연구소, 『개성일대문화유적연혁자료집』, 국립문화재연구소, 2013

장경희, 『고려왕릉』, 예맥, 2013

박종기, 『고려사의 재발견』, 휴머니스트, 2015

문광선, 『세계문화유산 개성』, 역사인, 2016

김인호 외, 『고려시대사1:정치와 경제』, 푸른역사, 2017

이종서 외, 『고려시대사2: 사회와 문화』, 푸른역사, 2017

안병우 외, 『고려의 국도 개경의 도시 영역과 공간 구성』, 이른아침, 2020

정창현, 『북한 국보유적 기행』, 역사인, 2021

박종진, 『개경:고려왕조의 수도』, 눌와, 2022

김종혁, 「발굴 및 조사 보고 : 개성일대의 고려왕릉발굴보고(1),(2)」, 『조선고고연구』
            1986-1, 사회과학원 고고학연구소, 1986

이상준, 「고려왕릉의 구조와 능주(陵主) 검토」『문화재』45권 2호, 국립문화재연구소, 2012

이상준, 「강화 고려왕릉의 피장자 검토」『중앙고고연구』23호, 중앙문화재연구원, 2017

김버들·조정식, 「왕릉건축을 통해 본 박자청(朴子靑)의 김사행(金師幸)건축 계승」
            『건축역사연구』 27-2, 한국건축역사학회, 2018

홍영의, 「조선시대 고려 왕릉의 현황과 보존 관리 실태」, 『한국중세고고학』5호, 2019

박형열, 「고려왕릉의 특징과 변천」『고고학』20권 1호, 중부고고학회, 2021

| 번호 | 사진 | 능주<br>(廟號) | 능호<br>(陵號) | 축조년 | 위치<br>(현 행정<br>구역명) | 지정 상황 | 쪽수 |
|---|---|---|---|---|---|---|---|
| 11 | | 11대<br>문종 | 경릉<br>(景陵) | 1083년 | 개성시<br>선적리 | 보존유적<br>570호 | 168 |
| 12 | | 12대<br>순종 | 성릉<br>(成陵) | 1083년 | 개성시<br>진봉리 | 보존유적<br>569호 | 8, 177 |
| 13 | | 13대<br>선종 | 인릉<br>(仁陵) | 1094년 | 황해북도<br>장풍군<br>고읍리 | 고읍리제2릉.<br>국보유적<br>제201호 | 181 |
| 14 | | 14대<br>헌종 | 은릉<br>(隱陵) | 1097년 | 개성시<br>선적리 | 경릉군제2릉<br>(추정) | 186 |
| 15 | | 15대<br>숙종 | 영릉<br>(英陵) | 1105년 | 개성시<br>선적리 | 2017년 발굴.<br>국보유적 36호 | 7, 194 |
| 16 | | 16대<br>예종 | 유릉<br>(裕陵) | 1122년 | 개성시<br>오산리 | 보존유적<br>1701호 | 210 |
| 17 | | 17대<br>인종 | 장릉<br>(長陵) | 1146년 | 개성시<br>해선리 | 고릉동릉(추정) | 220 |
| 18 | | 18대<br>의종 | 희릉<br>(禧陵) | 1175년 | 황해북도<br>장풍군<br>고읍리 | 고읍리제1릉.<br>국보유적<br>제200호 | 233 |
| 19 | | 19대<br>명종 | 지릉<br>(智陵) | 1202년 | 황해북도<br>장풍군<br>항동리 | 미지정 | 236 |
| 20 | | 20대<br>신종 | 양릉<br>(陽陵) | 1204년 | 개성시<br>고남리 | 보존유적<br>553호 | 238 |

| 번호 | 사진 | 능주<br>(廟號) | 능호<br>(陵號) | 축조년 | 위치<br>(현 행정<br>구역명) | 지정 상황 | 쪽수 |
|---|---|---|---|---|---|---|---|
| 21 | | 21대<br>희종 | 석릉<br>(碩陵) | 1237년 | 인천시<br>강화군<br>양도면 | 사적 369호. 현<br>곤릉 가능성 | 248 |
| 22 | | 22대<br>강종 | 후릉<br>(厚陵) | 1213년 | 황해북도<br>장풍군<br>월고리 | 미지정. 현존 여<br>부 불확실 | 245 |
| 23 | | 23대<br>고종 | 홍릉<br>(洪陵) | 1259년 | 인천시<br>강화군<br>강화읍<br>국화리 | 사적 224호 | 251 |
| 24 | | 24대<br>원종 | 소릉<br>(昭陵) | 1274년 | 개성시<br>용흥동 | 보존유적 562호 | 256 |
| 25 | | 25대<br>충렬왕 | 경릉<br>(慶陵) | 1308년 | 개성시<br>해선리 | 2022년 발굴 | 271 |
| 26 | | 26대<br>충선왕 | 덕릉<br>(德陵) | 1325년 | 개성시<br>연릉리 | 명릉군 제2릉<br>(추정) | 288 |
| 27 | | 27대<br>충숙왕 | 의릉<br>(毅陵) | 1339년 | 개성시<br>해선리 | 칠릉군제2릉(추<br>정) | 297 |
| 28 | | 28대<br>충혜왕 | 영릉<br>(永陵) | 1344년 | 개성시<br>해선리 | 선릉군 제3릉<br>(추정) | 143, 305 |
| 29 | | 29대<br>충목왕 | 명릉<br>(明陵) | 1348년 | 개성시<br>연릉리 | 명릉군 제3릉<br>(추정) | 53, 286 |
| 30 | | 30대<br>충정왕 | 총릉<br>(聰陵) | 1352년 | 개성시<br>오산리 | 보존유적 550호 | 43, 49, 312 |

| 번호 | 사진 | 능주<br>(廟號) | 능호<br>(陵號) | 축조년 | 위치<br>(현 행정<br>구역명) | 지정 상황 | 쪽수 |
|---|---|---|---|---|---|---|---|
| 31 | | 31대<br>공민왕 | 현릉<br>(玄陵) | 1374년 | 개성시<br>해선리 | 세계문화유산.<br>국보유적 123<br>호 | 50, 322 |
| | | 32대<br>우왕 | 없음 | 1389년 | 장례 기록<br>없음 | 폐위 | 335 |
| | | 33대<br>창왕 | 없음 | 1389년 | 강화도에<br>서 사망 | 폐위 | 335 |
| 32 | | 34대<br>공양왕 | 고릉<br>(高陵) | 1394년 | 경기도<br>고양시<br>원당 | 사적 191호 | 335 |
| 추존 왕릉 | | | | | | | |
| 33 | | 세조(왕릉,<br>태조의 부) | 창릉<br>(昌陵) | 미상 | 개성시<br>개풍구<br>역 남포리 | 보존유적<br>제554호 | 345 |
| 34 | | 안종 왕욱<br>(태조의<br>7남, 성종<br>의 부) | 태릉<br>(泰陵) | 969년 | 개성시<br>해선리 | 보존유적<br>제546호 | 7, 121 |
| 35 | | 대종 왕욱<br>(태조의<br>8남, 현종<br>의 부) | 건릉<br>(乾陵→<br>武陵) | 1017년 | 황해북도<br>장풍군<br>월고리 | 보존유적<br>제572호 | 147 |
| 추존 왕후릉 | | | | | | | |
| 36 | | 원창왕후<br>(태조의<br>조모) | 온혜릉<br>(溫鞋<br>陵) | 미상 | 개성시<br>송악동 | 국보유적 | 343, 370 |
| 37 | | 헌정왕후<br>(현종의<br>모) | 원릉<br>(元陵) | 1009년 | 황해북도<br>장풍군<br>월고리 | 보존유적<br>제571호 | 147 |

| 번호 | 사진 | 능주<br>(廟號) | 능호<br>(陵號) | 축조년 | 위치<br>(현 행정<br>구역명) | 지정 상황 | 쪽수 |
|---|---|---|---|---|---|---|---|
| 왕후릉 | | | | | | | |
| 38 | | 신명순성<br>왕후 | 미상 | 미상 | 개성시<br>연릉리 | 명릉군제1릉<br>(추정) | 49, 282,<br>350 |
| 39 | | 신정왕후<br>(태조의<br>4비) | 수릉<br>(壽陵) | 983년 | 개성시<br>연릉리 | 서구릉(추정).<br>보존유적<br>제548호 | 49, 348 |
| 40 | | 신성왕후<br>(태조의<br>5비) | 정릉<br>(貞陵) | 1009년 | 개성시<br>판문구역<br>화곡리 | 보존유적<br>제573호 | 346 |
| 41 | | 성평왕후<br>(희종의 비) | 소릉<br>(紹陵) | 1247년 | 인천시<br>강화군<br>양도면 | 현 가릉 또는<br>능내리석실분 | 251 |
| 42 | | 원덕태후 | 곤릉<br>(坤陵) | 1239년 | 인천시<br>강화군<br>양도면 | 희종 석릉<br>가능성 | 52, 247 |
| 43 | | 순경태후 | 가릉<br>(嘉陵) | 1237년 | 인천시<br>강화군<br>양도면<br>능내리 | 사적 370호.<br>능내리석실분<br>가능성 | 251, 267 |
| 44 | | 제국대장<br>공주(장목<br>왕후, 충렬<br>왕의 비) | 고릉<br>(高陵) | 1297년 | 개성시<br>해선리 | 보존유적<br>제545호 | 339, 351 |
| 45 | | 복국장공주<br>(충숙왕의<br>비) | 선릉<br>(善陵) | 1318년 | 개성시<br>해선리 | 칠릉군제5릉<br>(추정) | 303 |
| 46 | | 공원왕후<br>(명덕태후,<br>충숙왕의<br>비) | 영릉<br>(슈陵) | 1380년 | 개성시<br>해선리 | 칠릉군제3릉<br>(추정) | 303 |
| 47 | | 정순숙의공<br>주(덕녕공<br>주, 충혜왕<br>의 비) | 경릉<br>(頃陵) | 1375년 | 개성시<br>해선리 | 칠릉군제7릉<br>(추정) | 309 |

| 번호 | 사진 | 능주 (廟號) | 능호 (陵號) | 축조년 | 위치 (현 행정 구역명) | 지정 상황 | 쪽수 |
|---|---|---|---|---|---|---|---|
| 48 | | 희비 윤씨 (충혜왕의 비) | 미상 | 1380년 | 개성시 해선리 | 칠릉군제6릉 (추정) | 309 |
| 49 | | 노국대장공주 (공민왕의 비) | 정릉 (正陵) | 1365년 | 개성시 해선리 | 국보유적 | 326 |
| 능주 미상 왕릉 | | | | | | | |
| 50 | | 냉정동 제1릉 | | | 개성시 용흥동 | 보존유적 제559호 | 354 |
| 51 | | 냉정동 제2릉 | | | 개성시 용흥동 | 보존유적 제560호 | 354 |
| 52 | | 냉정동 제3릉 | | | 개성시 용흥동 | 보존유적 제561호 | 354 |
| 53 | | 소릉군 제2릉 | | | 개성시 용흥동 | 보존유적 제563호 | 262 |
| 54 | | 소릉군 제3릉 | | | 개성시 용흥동 | 보존유적 제564호 | 163, 264 |
| 55 | | 소릉군 제4릉 | | | 개성시 용흥동 | 보존유적 제565호 | 266 |
| 56 | | 소릉군 제5릉 | | | 개성시 용흥동 | 보존유적 제566호 | 83, 128, 266 |
| 57 | | 칠릉군 제1릉 | | | 개성시 해선리 | 보존유적 제544호 | 140, 227 |

| 번호 | 사진 | 능주<br>(廟號) | 능호<br>(陵號) | 축조년 | 위치<br>(현 행정<br>구역명) | 지정 상황 | 쪽수 |
|---|---|---|---|---|---|---|---|
| 58 | | 칠릉군<br>제4릉 | | | 개성시<br>해선리 | 보존유적<br>제544호 | 292 |
| 59 | | 선릉군<br>제2릉 | | | 개성시<br>해선리 | 보존유적<br>제547호 | 142 |
| 60 | | 경릉군<br>제3릉 | | | 개성시<br>선적리 | 미상 | 187 |
| 61 | | 용흥동<br>제1릉 | | | 개성시<br>용흥동 | 미상 | 355 |
| 62 | | 용흥동<br>제2릉 | | | 개성시<br>용흥동 | 미상 | 355 |

# 고려왕릉 기행

### 고려 500년 역사를 사진으로 만나다

초판 발행일 **2023년 11월 30일**

**지은이** 정창현
**발행인** 이재교

**교정 교열** 양순필, 정수민
**지도 그림** 김수연, 정예은
**제작** 지경문화사

**펴낸곳** 굿플러스커뮤니케이션즈(주)
**출판등록** 2013년 5월 17일 제2013-000136호
**주소** 서울특별시 서대문구 북아현로22길 21 2층
**대표전화** 02-6080-9858
**팩스** 0505-115-5245
**이메일** goodplusbook@gmail.com
**페이스북** www.facebook.com/goodplusbook

**ISBN** 979-11-85818-57-3 (03980)

• 이 노서는 한국출판문화산업진흥원의 '2023년 우수출판콘텐츠 제작 지원' 사업 선성삭입니다.